机械工人技术理论培训教材

管道工识图制图

（初级管道工适用）

第 2 版

原机械工业部　统编

主编　姜湘山

参编　郝　红　李　刚　班福忱

机 械 工 业 出 版 社

本书采用现行国家和行业标准，较系统地介绍了各种不同类型的管道工程施工图的识读和制图知识。内容包括：识图制图基本知识，管道施工图基本知识，管道平、剖面（断面）图与管道轴测图，机械零件图，建筑施工图，给水排水、采暖、空调、制冷工程施工图，动力（站）房管道施工图，管道配件展开图。

本书可作为从事管道安装、维修工人的培训教材或自学用书，也可供从事管道工种的管理和技术人员参考。

图书在版编目（CIP）数据

管道工识图制图/原机械工业部统编. —2 版. —北京：机械工业出版社，2014.7（2024.5 重印）

机械工人技术理论培训教材. 初级管道工适用

ISBN 978-7-111-47402-9

Ⅰ.①管… Ⅱ.①原… Ⅲ.①管道工程-工程制图-识别-技术培训-教材 Ⅳ.①U173

中国版本图书馆 CIP 数据核字（2014）第 160186 号

机械工业出版社（北京市百万庄大街 22 号 邮政编码 100037）
策划编辑：王晓洁 责任编辑：王晓洁 版式设计：霍永明
责任校对：佟瑞鑫 封面设计：马精明 责任印制：单爱军
北京虎彩文化传播有限公司印刷
2024 年 5 月第 2 版第 8 次印刷
184mm×260mm · 11 印张 · 265 千字
标准书号：ISBN 978-7-111-47402-9
定价：29.80 元

第2版前言

原国家机械工业委员会统编"机械工人技术理论培训教材"自1988年出版发行以来，以其行业针对性、实用性强和职业（工种）覆盖面广等特点深受全国机械行业各级工人培训部门和广大工人的欢迎，畅销不衰，为改善和提高机械行业技术工人队伍的技术素质发挥了很好的作用，在全国产生了广泛而深刻的影响。近年来，这套教材又成为不少企业和培训机构进行工人鉴定培训及再就业工程的首选教材。

由于本书发行已经26年，重印17次。但随着时间的不断推移，科学技术的不断发展，对管道工技能的要求也在不断提高。人力资源和社会保障部也在对国家职业技能标准进行不断完善的同时对原有标准进行了修订。因此，书中使用的技术标准、计量单位、名词术语有的已经过时，也有一些内容显得陈旧。为了使这套教材能够继续、更好地发挥作用，我们对上述问题进行了增删和修改。在本书修订的过程中，我们力求保持原有培训教材的结构体系，在保持其行业针对性、实用性强的特色的基础上，采用了最新国家标准、法定计量单位和规范的名词术语，删去了陈旧的内容，适当补充了新的内容，从而更加实用。

本书由姜湘山主编，郝红、李刚、班福忱参编。

由于修订时间仓促，且编者水平有限，修订后的培训教材中肯定还会存在不足和疏漏之处，恳请广大读者批评指正。

编　者

第1版前言

1981 年，原第一机械工业部为贯彻、落实《中共中央、国务院关于加强职工教育工作的决定》，确定对机械工业系统的技术工人按照初、中、高三个阶段进行技术培训。为此，组织制定了 30 个通用技术工种的《工人初、中级技术理论教学计划、教学大纲（试行）》，编写了相应的教材，有力地推动了"六五"期间机械行业的工人培训工作，初步改变了十年动乱造成的工人队伍文化技术水平低下的状况，取得了比较显著的成绩。

鉴于原机械工业部 1985 年对《工人技术等级标准（通用部分）》进行了全面修订，原教学计划、教学大纲已不适应新《标准》的要求，而且缺少高级部分；编写的教材，由于时间仓促、经验不足，在内容上存在着偏深、偏多、偏难等脱离实际的问题。为此，原机械工业部根据新《标准》，重新制定了 33 个通用技术工种的《机械工人技术理论培训计划、培训大纲》（初、中、高级），于 1987 年 3 月由国家机械工业委员会颁发，并根据培训计划、大纲的要求，编写了配套教材 149 种。

这套新教材的编写，体现了《国家教育委员会关于改革和发展成人教育的决定》中对"技术工人要按岗位要求开展技术等级培训"的有关精神，坚持了文化课为技术基础课服务，技术基础课为专业课服务，专业课为提高操作技能和分析解决生产实际问题的能力服务的原则。在内容上，力求以基本概念和原理为主，突出针对性和实用性，着重讲授基本知识，注重能力培养，并从当前机械行业工人队伍素质的实际情况出发，努力做到理论联系实际，通俗易懂，具有工人培训教材的特色，同时注意了初、中、高三级之间合理的衔接，便于在职技术工人学习运用。

这套教材是国家机械工业委员会委托上海、江苏、四川、沈阳等地机械工业管理部门和上海材料研究所、湘潭电机厂、长春第一汽车制造厂、济南第二机床厂等单位，组织了 200 多个企业、院校和科研单位的近千名从事职工教育的同志、工程技术人员、教师、科技工作者及富有生产经验的老工人，在调查研究和认真汲取"六五"期间工人教材建设工作经验教训的基础上编写的。在新教材行将出版之际，谨向为此付出艰辛劳动的全体编、审人员，各地的组织领导者，以及积极支持教材编审出版并予以通力合作的各有关单位和机械工业出版社致以深切的谢意！

编好、出好这套教材不容易；教好、学好这些课程更需要广大职教工作者和技术工人的奋发努力。新教材仍难免存在某些缺点和错误，我们恳切地希望同志们在教和学的过程中发现问题，及时提出批评和指正，以便再版时修订，使其更完善，更好地发挥为振兴机械工业服务的作用。

国家机械工业委员会
技术培训教材编审组
1987 年 11 月

目　　录

第一章 识图制图基本知识

学习管道安装工艺和从事管道施工与安装的人员，都应熟悉和掌握各种管道专业施工图绘制的基本原理与方法，以便提高效率，加快施工进度，保证施工质量。本章重点介绍正投影原理及点、线、面、体的投影规律，为识图打下坚实的基础。

第一节 正投影的原理

在日常生活中，人们经常见到物体在光源（如太阳光、月光、灯光、烛光）的照射下，在地面、墙面产生影子（如人影、树影等）。人们之所以能看见这些影子，是由于有光源的照射、被照射的物体和产生物体影子的地方三个条件。工程制图原理就是根据日常生活中这一现象，通过光源照射而使物体在某一平面上产生影子，在工程制图上称这个影子为投影图或投影，把光源的光线称为投射线，而把产生影子的平面称为投影面。但是，工程图上的投影与影子又不完全一样，影子只反映物体的总轮廓，其中漆黑一团，表示不清，不符合工程图样的要求。而工程图上的投影绘制反映物体形状的轮廓线，轮廓线内图样清楚。影子的产生必须有光源，而工程制图并不需要实际存在的光线，是用一组假想的投射线进行投射的。

物体在投影面上的投影，有的能反映出物体的实际形状和大小，有的则不能。如图 1-1a 所示，把一本书放在灯光下，由于灯光照射，书下面的平面产生的投影比实物大；如果把书与光源的距离无限增大，也就是说，让光源产生的投射线互相平行，书的投影则会反映实物的形状和大小，如图 1-1b 所示。

这是什么原因呢？从图 1-1a 中可见，投射线相交于一点且不垂直于投影面；从图 1-1b 中可见，投射线互相平行且垂直于投影面。我们就把图 1-1a 所示投影称为中心投影，图 1-1b 所示

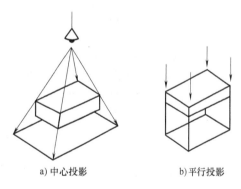

a)中心投影 b)平行投影

图 1-1 投影概念

投影称为平行投影或正投影。中心投影法常用于绘制建筑透视图，所以建筑透视图有的是远大近小。而管道施工图的绘制是采用正投影法。本书以后各章中所述及的投影都是正投影。

综上所述，正投影具有下面三个特点：

1）被投影的物体在观察者与投影面之间，观察者是以"正对着"物体去看的。

2）投影的大小不受观察者与物体以及物体与投影面之间距离大小的影响。

3）投射线与投影面垂直，各投射线互相平行。

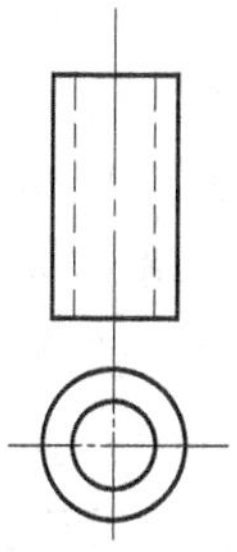

图 1-2 管端投影

上述三点应予牢记。

例如：把一短管垂直竖起，观察者正对着上端向下去看，其投影为两个圆，小圆表示管的内轮廓，大圆表示包括管壁在内的总轮廓，如图 1-2 所示。

第二节　点、线、面的投影

一、点的投影

如图 1-3 所示，在点 A 的下方设一个投影面，从点 A 正上方，并通过 A 点进行投射，在投影面上的投影是一个点记作 a。

如若改变投影面的位置，观察者仍以正对着投影面过 A 点进行投射，其投影仍为一个点。这就是说，无论从哪一个方向对该点进行投射，其投影总是一个点。

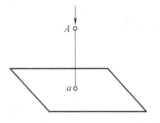

图 1-3　点的投影

二、直线投影

从正投影法可知，投射线必须垂直于投影面，但这里并没指出直线必须垂直于投影面，所以直线与投影面的关系又如何呢？从日常生活中出现的情况不难理解，直线与投影面的相对位置关系有：①直线与投影面平行；②直线与投影面垂直；③直线与投影面倾斜。除这三种情况外别无其他情况，下面分别讨论它们的投影特性：

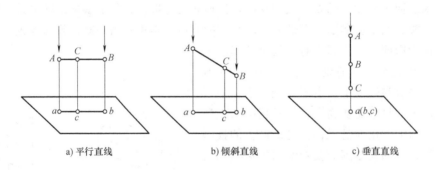

a) 平行直线　　　　　　b) 倾斜直线　　　　　　c) 垂直直线

图 1-4　直线投影

（1）直线与投影面平行的投影（图 1-4a）　取一铁丝 AB 代表一直线，并平行于投影面放置，然后从它的正上方且过它向下投射，所得到的投影为线段 ab，由于投射线垂直于投影面，则 Aa 垂直于投影面，Bb 垂直于投影面。从几何知识可知 AaBb 为一矩形，对边相等，即 ab = AB，所以直线平行于投影面，其投影反映它的实长。

（2）直线与投影面倾斜的投影（图 1-4b）　取一铁丝 AB 代表一直线，且倾斜于投影面放置，然后从它的正上方且过它进行投射，所得到的投影为线段 ab，由于投射线垂直于投影面，即 Aa、Bb 垂直于投影面，由于 AB 倾斜于投影面，则 AaBb 为一梯形，所以由几何知识证明 AB≠ab，投影线段 ab 比实线 AB 缩短了。由此可见，直线与投影面倾斜的投影是一条比实长缩短了的直线。

（3）直线垂直于投影面的投影（图 1-4c）　取一铁丝 AB 代表直线且垂直于投影面放置，然后从它的正上方且过它向下进行投射，观察者只能见到该直线的上端点，即得到的投影为一点。由此可知，直线垂直于投影面的投影是一个点。

从上述分析得出直线与投影面不同位置时的投影规律。若从直线上任找一点 *C*，（图1-4），该点的投影仍在该直线上。直线的投影在管道施工图上应用十分广泛，应予牢固掌握。

三、平面投影

任何一个平面上都能找出若干个点和若干条直线，由几何学可知，两条相交直线或一直线与该直线外一点都可以组成一个平面。由点、线与投影面的相对位置，同样可得到平面与投影面的相对位置有：①平面平行于投影面；②平面垂直于投影面；③平面倾斜于投影面。下面分别讨论它们不同位置时的投影规律。

（1）平面平行于投影面的投影（图1-5a） 取一正方形薄纸片 *ABCD* 代表平面且平行于投影面放置，并从上且过它对其进行投射，纸片的边框纸分别为线段 *AB*、*BC*、*CD*、*DA*。由于平面 *ABCD* 平行于投影面，那么，以上各直线均平行于投影面，它们在投影面上的投影为线段 *ab*、*bc*、*cd*、*da*，根据平行于投影面的直线投影特性：*AB* = *ab*、*BC* = *bc*、*CD* = *cd*、*DA* = *da*，则平面 *ABCD* 的形状大小与其投影 *abcd* 的形状大小一样。这就是说，平行于投影面的平面投影反映平面的真实形状，即大小和形状不变。

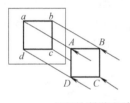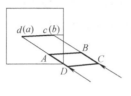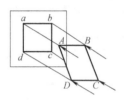

　　　a)平面与投影面平行　　　　　　b)平面与投影面垂直　　　　　c)平面与投影面倾斜

图1-5　平面投影

（2）平面垂直于投影面的投影（图1-5b） 同样取一正方形薄纸片 *ABCD* 代表平面，垂直于投影面放置，纸片的边框线分别为 *AB*、*BC*、*CD*、*DA* 直线。平面 *ABCD* 垂直于投影面，让 *AD* 垂直于投影面、*BC* 垂直于投影面，则 *AD*、*BC* 的投影各为一个点 *d*（*a*）、*c*（*b*），而 *AB*、*CD* 分别平行于投影面，且在同一立面上，两者的投影重叠为一直线 *d*（*a*）、*c*（*b*）。由此得知，垂直于投影面的投影是一条直线。

（3）平面倾斜于投影面的投影（图1-5c） 正方形薄纸片 *ABCD* 代表平面，且倾斜于投影面放置，同样其边框线为线段 *AB*、*BC*、*CD*、*DA*。由图1-5c可见，边框线 *AD*、*BC* 分别倾斜于投影面，所以其投影各为一不反映实长的缩短了的线段，*AB*、*CD* 平行于投影面，其投影反映实长。*AB*、*BC*、*CD*、*DA* 的投影对应为 *ab*、*bc*、*cd*、*da*，且 *AD* > *ad*、*BC* > *bc*，所以平面 *ABCD* 的投影 *abcd* 比实形缩小了，即倾斜于投影面的平面，其投影是比实形缩小了的平面。

由图1-5可以看出，如果在平面上任取一点，任一直线或任一几何图形，其投影也必在该平面的投影上。

四、投影的积聚性和重迭性

（1）投影的积聚性 通过点、线、面的投影分析，凡垂直于投影面的一条直线和一个平面，其投影分别是一个点和一条直线。对于同一条直线上的许多个点，同一平面上的许多个点，许多条直线，许多个其他几何图形，其投影分别为一个点或一条直线的性质称为投影的积聚性。在管道工程平面图上，垂直于水平投影面上的管段投影是一个圆圈，这是投影积聚性的表现。

（2）投影的重叠性　在投影中，把两个或两个以上的点，两条或两条以上的直线，两个或两个以上相同平面的投影分别重合成一个点、一条直线、一个平面的投影的特性称为投影的重叠性。在管道工程平面图上，常把处在同一立面上的两条或两条以上且平行于水平面的管道画成一根管道的投影，这就是投影重叠性的表现。

投影的积聚性和重迭性最为常用，掌握这一特性，对于识读管道施工图十分方便。

五、直线和平面的三面投影

1. 三面投影的形成

物体在投影面上的投影图常称为视图。如果只给直线或平面一个投影面，这种在一个投影面上的投影就称为单视图，上面已清楚地说明点、线、面在一个投影面上的投影特性，有的能反映实物大小，有的则不能。这就是说，单视图存在片面性，如果要在一个水平投影面上表示一个物体的高度，显然是不可能的。存在于空间的物体有长、宽、高三个向度，如果用多个方位的投影面和对应的多组垂直于投影面的平行投射线对物体进行投射，而得到多个方位的投影来反映物体的形状和大小，这种方法称为多面投影法。在管道施工图上，一般采用三个投影面对物体进行投射而得到的三个视图就能反映出空间物体的长、宽、高，称为三面投影。其作法是：将三个互相垂直的平面作为投影面，如屋角相互垂直的两垛墙和地板，把物体放在其中并分别向墙和地板进行投射。三个投影面如图1-6所示。

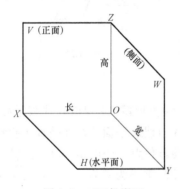

图1-6　三面投影面

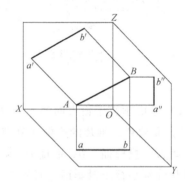

图1-7　直线的三面投影

把水平投影面称为H面，把正立面投影面称为V面，把侧立投影面称为W面。把H面与V面的交线称为OX轴，H面和W面的交线称为OY轴，V面和W面的交线称为OZ轴。OX、OY、OZ三轴的交点O称为原点，如图1-6所示。并且规定平行于OX轴方向的向度表示物体的长度，平行于OY轴方向的向度表示物体的宽度，平行于OZ轴方向的向度表示物体的高度。

如若把一条线段AB放在三投影面的中间，如图1-7所示。分别用三组平行投射线向三个投影面进行投影，在H面上投影为线段ab，在V面投影为线段$a'b'$，在W面上投影为线段$a''b''$。为了识图方便，应把三个投影展开在同一平面上。方法是：保持V面不动，将H面绕OX轴向下旋转90°，将W面绕OZ轴向右旋转90°，如图1-8所示。

随着投影面的展平，线段AB的三面投影图如图1-9所示。

以上所述即为三面投影的形成过程。在管道工程图中，我们把水平投影面（H面）上的投影称为俯视图或平面图，在正立投影面（V面）上的投影称为主视图，在侧立投影面（W面）的投影称左视图，实际画图时，各投影面符号名称、轴、边框线不应画出，以免混乱。

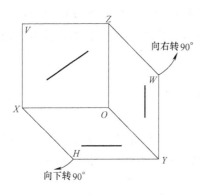

图 1-8　投影面展开示意

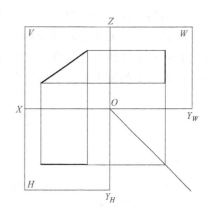

图 1-9　直线三面投影的展平

2. 直线在三投影面体系中的投影

直线在三投影面体系中的投影应根据直线与三个投影面的相对位置关系确定。直线与三个投影面的相对位置有：

（1）一般位置线　一般位置线指空间直线与三个投影面的位置都是倾斜的，根据直线投影规律，它在三个投影面上的投影都是比实长缩短了的直线，即投影直线对投影轴既不平行也不垂直。

（2）投影面平行线　投影面平行线指直线只平行三个投影面中的一个投影面，而对另外两个投影面却处于倾斜位置。直线只平行于正立面（ V 面）称为正平线，直线只平行于水平面（ H 面）称为水平线，直线平行于侧立面（ W 面）称为侧平线，根据直线投影规律：凡与直线平行的投影面，该直线在此投影面上的投影是一条反映实长的直线，而在其余两个投影面上的投影是水平或铅垂且长度小于实长的直线。

（3）投影面垂直线　投影面垂直线指直线只垂直于某一个投影面，而对另外两个投影面处于平行位置的。若直线垂直于正立面（ V 面）称为正垂线；若直线垂直于水平面（ H 面）称为铅垂线；若直线垂直于侧立面（ W 面）称为侧垂线。根据直线投影规律可找出投影面垂直线的投影特性：直线在与它垂直的投影面上的投影积聚为一点，而在其余两个投影面上的投影反映直线的实长。

3. 平面在三投影面体系中的投影

平面在三投影面体系中的投影规律同样可根据平面在三投影面体系中的相对位置进行分析。平面与三个投影面的相对位置有：

（1）一般位置平面　一般位置平面指空间平面与三个投影面的相对位置都是倾斜的，所以其投影规律是它在三个投影面上的投影都是比实形缩小了的平面图形。

（2）投影面平行平面　投影面平行平面指空间平面只平行于三投影面中的某一平面，而与另外两投影面处于垂直的位置。若平面平行于正立面（ V 面）称为正平面；若平面平行于水平面（ H 面）称为水平面；若平面平行于侧立面（ W 面）称为侧平面。根据平面投影规律可知：凡与平面平行的投影面上的投影反映平面的实形和大小，而在其余两个投影面上的投影积聚为一水平线或一铅垂线。

（3）投影面垂直面　投影面垂直面指空间平面只垂直于一个投影面，而对另外两个投影面处于倾斜位置。若平面垂直于正立面（V面）称为正垂面；若平面垂直于水平面（H面）称为铅垂面；若平面垂直于侧立面（W面）称为侧垂面。根据平面投影规律可知投影面垂直面的投影特性：凡与投影面垂直的平面在投影面的投影积聚为一倾斜的直线，而在另外两个投影面上的投影是比平面缩小了的平面图形。

第三节 体 的 投 影

任何复杂的物体都是由一些基本的几何体组成的，为了掌握较为复杂投影图的识读方法，应先对基本几何体的投影特性有所了解。基本几何体有平面体、曲面体两种。

一、平面体的投影

平面体是由若干个平面多边形围成，各表面的交线称为棱线，棱线也是各表面的边界线，又是各表面的轮廓线。常见的平面体有正方体、长方体、棱柱、棱锥、棱台；把正方体、长方体称为长方体，把棱柱、棱锥、棱台称为斜面体，如图1-10所示。

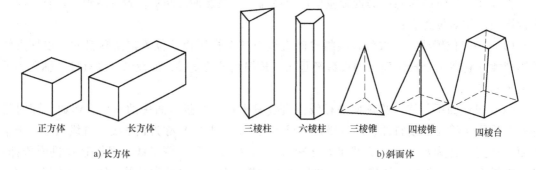

a) 长方体　　　　　　　　　　　　　b) 斜面体

图1-10　平面体

1. 长方体的投影

长方体是由互相平行的长方形上下底平面和四个长方形侧面所围成。将长方形放在三投影面体系中，方向摆正，即长方体前后两个平面与正立面（V面）平行，左右两个平面与侧立面（W面）平行，上下两个平面与水平面（H面）平行，如图1-11a所示。

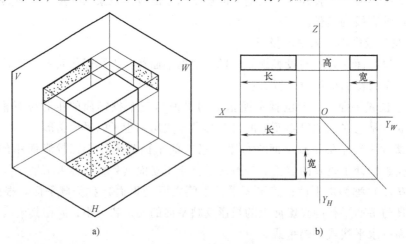

a)　　　　　　　　　　　　　b)

图1-11　长方体的投影

长方体在 V 面投影是一个长方形，反映了长方体的长和高；长方体在 H 面上的投影是一个长方形，反映了长方体的长和宽；长方体在 W 面上的投影也是一个长方形，反映了长方体的宽和高。三个投影分别反映了长方体中三个向度中的两个向度，只有综合分析三个视图，才能知道长方体的三个向度，其三面投影如图 1-11b 所示。主视图反映长和高，俯视图反映长和宽，左视图反映高和宽，画图时，应掌握各视图之间的这种关系，即：

1）主视图和俯视图，长对正。

2）主视图和左视图，高平齐。

3）俯视图和左视图，宽相等。

这就是三投影体系中三个视图的关系和画法要点。三等关系对以后所讲的体的投影同样适用。

2. 棱锥体的投影

棱锥体是由一个多边形底面和若干个具有公共顶点的三角形所围成。若底面为正多边形，顶点位于底面中心的正上方，称为正棱锥。以底面为正四方形的正四棱锥为例，如图 1-12a 所示。

将正四棱锥置于三投影面体系中，使其底面平行于 H 面，左右两个侧面垂直于 V 面，前后两个面垂直于 W 面，对其进行三面投影。由图 1-12b 可见，它在 V 面上的投影是一个等腰三角形线框，表明正四棱锥前后两个棱面在 V 面上投影的重迭，由于这两个平面都倾斜于 V 面，所以其投影是小于实形的平面。三角形线框各边是左右两个侧面和底面在 V 面上投影的积聚。

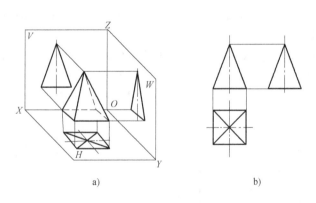

图 1-12 正四棱锥的投影

在 H 面上的正四棱锥投影是由四个三角形组成，外形为四边形线框，四边形线框反映了四棱锥底面的实形，四个三角形是正四棱锥四个侧面的投影，由于各侧面都倾斜于 H 面，所以四个侧面的投影都是小于实形的平面。四个三角形的各边是四个侧面棱边的投影。

正四棱锥在 W 面上的投影也是一个三角形线框，它反映了正四棱锥左右两个侧面和底面的投影，两侧面投影具有重叠性，底面投影具有积聚性。由于两侧面都倾斜于 W 面，所以投影都小于实形。三角形线框中的两条斜边是前后两个侧面的投影，而底边是底面的积聚投影。正四棱锥的三面投影，如图 1-12b 所示。

二、曲面体的投影

曲面体是由曲面或曲面与平面围成的。曲线是一个点按一定规律运动而形成的轨迹，若曲线上各点都在同一平面上称为平面曲线，若曲线上各点不在同一平面上称为空间曲线。曲面是由直线或曲线在空间按一定规律形成的，由直线运动而形成的曲面称为直线曲面，直线曲面体有圆柱体、圆锥体。由曲线运动而形成的曲面称为曲线曲面，如球体。圆柱体、圆锥体、球体分别如图1-13a、b、c所示。

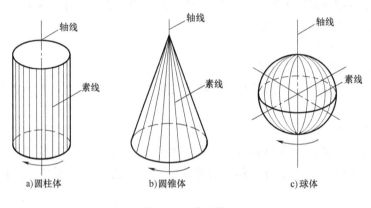

图 1-13　曲面体

圆柱体是由一条直线围绕着一条轴线且始终保持平行和等距旋转围成；圆锥体是由一条直线与轴线交于一点且始终保持一定的夹角旋转而成；球体是由一条半圆弧线以直径为轴旋转而成。

凡能形成曲面的直线或曲线，不管它们在曲面上处于何种位置，称为素线；凡能在投影图中确定曲面范围的外形线称为曲面的轮廓线。下面分别介绍曲面体投影。

1. 圆柱体的投影

如图1-14a所示，将圆柱体置于三投影体系中，使其轴线垂直于 H 面，并对其进行投射，所得投影图如图1-14b所示。

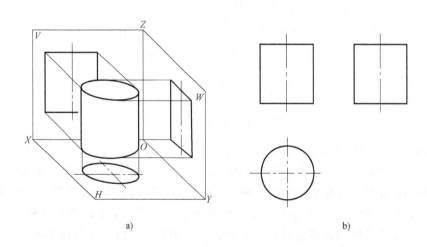

图 1-14　圆柱体的投影

圆柱体在 V 面上的投影是一个矩形线框，矩形线框的上下边是圆柱体顶面和底面在 V 面上的积聚投影，矩形线框的左右边是圆柱体表面最外边两条轮廓线的投影，并以此为界线决定圆柱面的前半部分可见，后半部分不可见。

圆柱体在 *H* 面上的投影是一个圆，是它的上圆面在 *H* 面上的重叠投影，也是圆柱体曲面的积聚投影。

圆柱体在 *W* 面上的投影是一个矩形，矩形上、下边仍是圆柱体的上、下面的积聚投影，而矩形的左、右边则是左、右半个圆柱面的分界线，以此分界，圆柱面左半部为可见，右半部为不可见。

2. 圆锥体的投影

如图 1-15a 所示，将圆锥体置于三投影体系中，使其轴线垂直于 *H* 面，对其进行投射，其投影图如图 1-15b 所示。

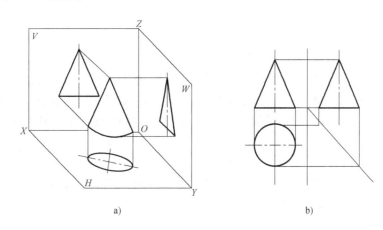

a)　　　　　　　　　　b)

图 1-15　圆锥体投影

圆锥体在 *V* 面上的投影是三角形，其高反映锥高，三角形两条斜边和底边是圆锥体左右两条轮廓线及底面的积聚投影。两斜边分圆锥体前后两半部分，并以此分圆锥体的前半部分可见，后半部分不可见。

圆锥体在 *H* 面上的投影是一个圆，它既是整个圆锥面的积聚投影，又是底面圆投影实形的反映。

圆锥体在 *W* 面上的投影是一个三角形，三角形的两条斜边是圆锥体左右两半部分的分界线，以此分界，左半部可见，右半部不可见。三角形底边是圆锥体底面的积聚投影。

3. 球体的投影

如图 1-16a 所示，将球体置于三投影面体系中并进行投射，其投影图如图 1-16b 所示。

球体在 *V* 面上的投影轮廓线是圆，它表示球面上平行于 *V* 面上最大圆的投影，其圆周是前后两半球的分界线，并以此分界，球体前半球可见，后半球不可见。

球体在 *H* 面上的投影的轮廓线是圆，它表示球面上平行于水平面（*H* 面）上的最大圆的投影，其圆周是上下半球的分界线，并以此分界，球体上半球可见，下半球不可见。

球体在 *W* 面上的投影的轮廓线也是圆，它表示球面上平行于侧立面（*W* 面）上的最大圆的投影，其圆周是前后半球的分界线，并以此分界，球体的左半球可见，右半球不可见。

三、组合体的投影

组合体是由若干个基本体组成，则组合体的投影就是基本几何体的投影叠加，以柱基础模型为例，如图 1-17 所示。

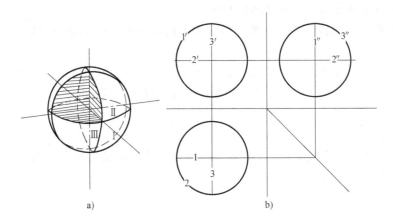

图 1-16　球体的投影

画投影图，应首先进行形体分析，该模型由三个四棱柱和一个棱台组成，注意它们的相对位置，然后根据基本体投影画法绘制各组成的投影图，最后进行组合叠加。除此之外还应注意：①使形体的主要面或者使形状复杂而又反映形体特征的面平行于 V 面；②使作出的投影图虚线少，图形清楚。

对柱基模型的投影画法可按以下步骤：

1）先把柱基础模型按图 1-17 所示放置于三投影面体系中，以反映它的主要形状特征。

2）作四棱柱 1 的投影，如图 1-18 所示。

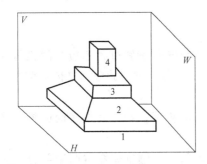

图 1-17　柱基础模型

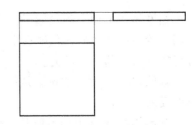

图 1-18　作四棱柱 1 的投影

3）作四棱锥台 2 的投影，如图 1-19 所示。

4）作四棱柱 3 的投影，如图 1-20 所示。

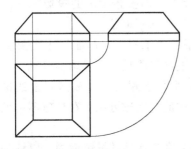

图 1-19　作四棱锥台 2 的投影

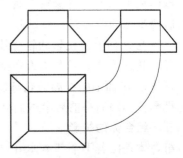

图 1-20　作四棱柱 3 的投影

5）作四棱柱 4 的投影，如图 1-21 所示。

图 1-21 是柱基础模型基本体投影的叠加。

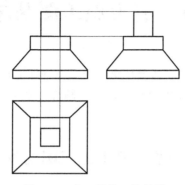

图 1-21　作四棱柱 4 的投影

复　习　题

1. 什么是中心投影？什么是正投影？两者有何区别？

2. 投影和影子是不是一回事？

3. 点的投影规律是什么？

4. 直线的单视图有何特点？

5. 平面的单视图有何特点？

6. 直线在三面投影体系中的投影规律是什么？

7. 平面在三面投影体系中的投影规律是什么？

8. 三面投影是如何产生的？"三等"关系是什么？

9. 基本体指哪些？它们是如何形成的？

10. 试述长方体的投影特点。

11. 试述曲面体的投影特点。

12. 如何识读和绘制组合体的投影图？

第二章　管道施工图基本知识

管道施工图是设计人员用来表达设计意图的一种特殊语言，也是用来指导管道工人安装与施工的依据。本章介绍施工图中管道、设备、阀件等的表示方法及如何识读各种管道施工图。

第一节　管道施工图的种类

管道施工图分类的方法很多，常见的有按专业分类和按图样的作用分类两种。

一、按专业分类

（1）化工工艺管道施工图　化工工艺管道施工图用于化工行业，如输送酸、碱、盐及化工流体的各种管道施工图。

（2）采暖通风管道施工图　采暖通风管道施工图用于供热、通风及空气调节，如输送热水、蒸汽、空气等流体介质的各种管道施工图。

（3）动力管道施工图　动力管道施工图用于输送作为动力的介质，如压缩空气、高压蒸汽等流体的各种管道施工图。

（4）给水排水管道施工图　给水排水管道施工图用于输送清洁水、污废水、雨水等，如给水管道施工图、污废水管道施工图、雨水管道施工图等。

（5）自控仪表管道施工图　自控仪表管道施工图用于连接各种仪表，进行设备各种参数自动调节，如温度仪表控制、压力仪表控制等管道的施工图。

二、按图样的作用分类

管道施工图的内容表示法有文字表示法和图样表示法两种。文字表示法系指图样目录、施工图说明、设备、材料表。图样表示法指平面图、立（剖）面图、轴测图及各种详图等。较复杂的管道施工图，还有流程图图样，它们的作用是：

（1）目录　对于数量较多的图样，为了便于施工人员查阅，设计人员把图样按一定图名和顺序归纳编排成图样目录。从图样目录中可以查知图样张数、图样内容、工程名称、地点、参加设计和建设的单位。

（2）施工图说明　用文字对在施工图样上无法表示出来而又非要施工人员知道不可的内容予以说明，如工程主要设计数据、技术和质量方面的要求、其他注意事项等。

（3）设备、材料表　用表格的形式把该项工程所需的主要设备、各类管道、管件、阀门以及其他材料的名称、规格、型号和数量表示出来，使施工人员便于作好施工准备。

（4）管道平面图　管道平面图用以表示建（构）筑物、设备的平面布置、管道的走向、排列和各部分的尺寸，以及每根管子的管径、标高、坡度坡向等具体数据。管道平面图是按物体在水平投影面（H 面）的投影方法绘制的，但还有某些区别。

（5）管道的立面图、剖面图　管道立面图、剖面图主要表示建（构）筑物和设备在立面上的分布、管道在垂直方向上的排列和走向，以及每路管道的编号、管径和标高等详细数据。它们基本上是按物体在正立投影面（*V*面）、侧立投影面（*W*面）上的投影方法绘制的。

（6）管道轴测图 管道轴测图是一种立体图，它能在一个图面上同时反映出管线的空间走向和实际位置。它是按轴侧投影的方法绘制的。

（7）详图 详图有节点详图、大样图、标准图等。详图能清楚表示某一部分管道的详细结构及尺寸，或一组设备的配管或一组管配件的组合安装。详图是对平面图、轴测图等图样所不能表示清楚的地方的补充。

（8）流程图 流程图又称原理图，它对某一个生产系统或某一个生产装置的整个工艺变化过程的表示。通过它可以对设备、建（构）筑物的名称及整个系统输送的介质、流向及仪表阀门控制等有一个全面而确切的了解。

第二节　管道、阀门单、双线图表示方法

一、管道及管道配件单、双线图

1. 管道单、双线图

如图 2-1a 所示，在短管主视图里虚线表示管子的内壁，在短管俯视图画的两个同心圆中，小圆表示管道的内壁、大圆表示管道的外壁。这是三面视图中常用的表示方法，若省去表示管道壁厚的虚线，就变成了图 2-1b 所示的图形。这种用两根线即双线表示管道形状的图样，就是管道的双线图。管道的双线图表示比较直观，在详图中经常用到。

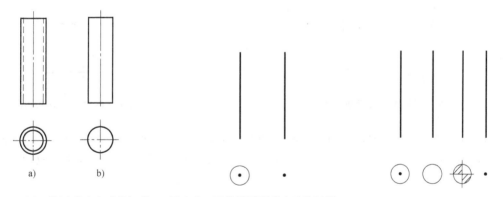

a)　　b)

图 2-1　用双线图形式表示的短管　　图 2-2　用单线图形式表示的短管　　图 2-3　四种画法意义相同

如果只用一根直线表示管道在立面上的投影，而在俯视图中用一小圆点外面加画一个小圆或仅一小圆点，这就是管道的单线图表示法，如图 2-2 所示。

然而也有的施工图中，俯视图仅画一小圆，小圆的圆心并不加点或仅一小圆点，从国外引进的管道施工图中，俯视图中的小圆被十字线一分为四，其中在两个对角处，打上细斜线的阴影，如图 2-3 所示。这四种画法都是管道单线图的表示形式，意义都一样。

2. 管道配件单、双线图

（1）弯头的单、双线图 图 2-4 是一个 90°煨弯弯头的三视图。

若在图 2-4 的立面图上表示管道壁厚的虚线，在俯视图中表示管道壁厚的实线省略不画，如图 2-5 所示，即为 90°弯头双线图表示。

其中双线图中侧视图不画虚线与画虚线的意义是一样的，如图 2-6 所示。

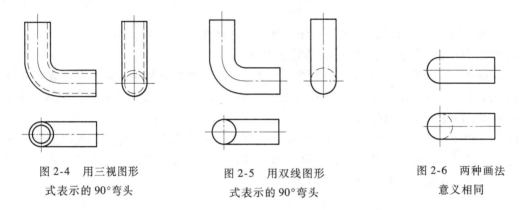

图 2-4　用三视图形
式表示的 90°弯头

图 2-5　用双线图形
式表示的 90°弯头

图 2-6　两种画法
意义相同

若用单线图表示图 2-5 则得图 2-7，这就是 90°弯头单线图表示法。

在图 2-7 的平面图上先看到立管的断口，后看到横管，画图方法同短管的单线图表示方法一样，立管断口画成一个有圆心点的小圆，横管画到小圆边上。在侧面图（左视图）上，先看到立管，横管的断口在背面看不到，这时横管应画成小圆，立管画到小圆的圆心。在单线图里，管子画到圆心的小圆，也可把小圆稍微断开来画，如图 2-8 所示，这两种画法意义一样。

图 2-7　用单线图表示 90°弯头

图 2-8　两种画法意义相同

图 2-9 为 45°弯头的单双线图，其画法与 90°弯头画法很相似，只是在管子变向处画成半圆，其他不变。有的在半圆上还加一根细实线。这两种画法意义一样，如图 2-10 所示。

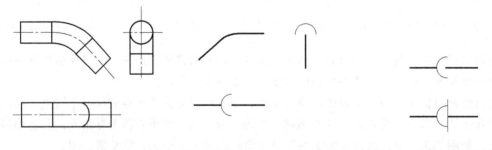

图 2-9　45°弯头的单、双线图

图 2-10　两种画法意义相同

（2）三通的单、双线图　图 2-11 是同径正三通的三面视图和双线图。图 2-12 是异径三通的三面视图和双线图。三面视图中表示壁厚的虚线和实线省去不画，仅画外形图样即成双线图。

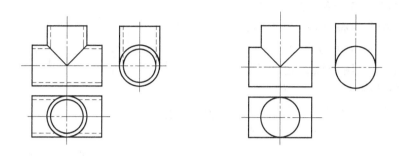

图 2-11　同径三通的三视图和双线图

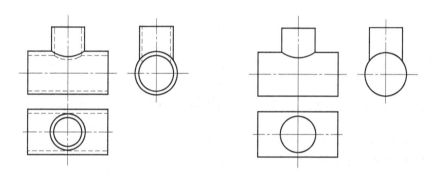

图 2-12　异径三通的三视图和双线图

图 2-13 是三通的单线图。在图 2-13 的平面图上先看到立管的断口，故把立管画成一个圆心带点的小圆，横管画到小圆边上，在左立面（左视图）上先看到横管的断口，故把横管画成一个圆心带点的小圆，立管画在小圆的两边。在右立面图（右视图）上先看到立管，横管的断口在背面看不到，这时横管画成小圆，立管通过圆心。

若把穿过小圆直线处的小圆圆弧稍微断开，其意义与不断开一样，如图 2-14 所示。

图 2-13　三通的单线图

图 2-14　两种画法意义相同

（3）四通的单双线图　图 2-15 是四通的单、双线图表示。其画法的原理与三通单、双线图画法近似。

（4）大小头的单、双线图　图 2-16 是同心大小头的单、双线图。同心大小头在单线图里有的画成等腰梯形，有的画成等腰三角形，如图 2-17 所示。这两种表示的意义一样。

图 2-18 是偏心大小头的单、双线图用立面图表示形式。在平面图上的图样与同心大小头表示一样。

3. 阀门的单、双线图

管道工程中所用阀门的种类很多，用来表示阀门的特定符号也很多，所以其单线图、双线图的图样也很多。现在仅选一种带阀柄的法兰阀门在施工图中常见的几种表示形式。

图 2-19 是阀柄向前的平、立面单、双线图。

图 2-20 是阀柄向后的平、立面单、双线图。

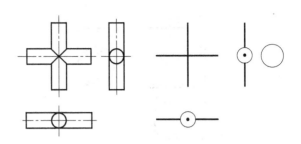

图 2-15　四通的单、双线图

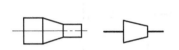

图 2-16　同心大小头的单、双线图

图 2-17　两种画法意义相同

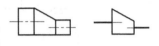

图 2-18　偏心大小头的单、双线图

图 2-21 是阀柄向右的平、立面单、双线图。

图 2-22 是阀柄向左的平、立面单、双线图。

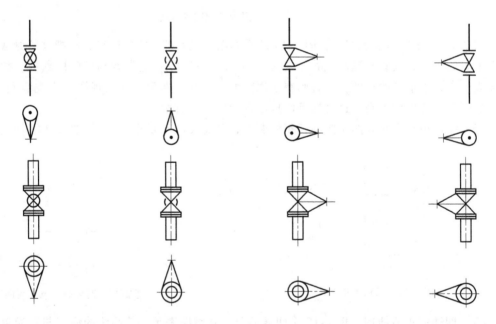

图 2-19　阀柄向前的阀门　　图 2-20　阀柄向后的阀门　　图 2-21　阀柄向右的阀门　　图 2-22　阀柄向左的阀门
　平、立面单、双线图　　　　平、立面单、双线图　　　　平、立面单、双线图　　　　平、立面单、双线图

二、管道的积聚、重叠与交叉表示法

1. 积聚

（1）**直管积聚**　根据投影积聚原理可知，一根直管积聚后的投影用双线图形式表示就

是一个小圆，用单线图形式表示则为一个点。

（2）弯管积聚　弯管由直管和弯头两部分组成，直管积聚后的投影是个小圆，与直管相连接的弯头，在拐弯前的投影也积成小圆，并且同直管积聚成小圆的投影重合，如图2-23所示。

（3）管道与阀门积聚　直管与阀门连接，直管在平面图上积聚成小圆并与阀门内径投影重合，如图2-24所示。

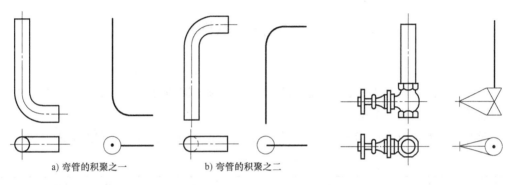

a) 弯管的积聚之一　　　b) 弯管的积聚之二

图 2-23　弯管的积聚　　　　　　　　　　图 2-24　直管与阀门积聚

弯管与阀门连接，弯管在拐弯后在平面图上积聚成小圆与阀门内径投影重合，如图2-25所示。

2. 重叠

长度相等、直径相同的两根或两根以上的管道，如果叠合在一起，其投影完全重合，其平面投影与一根管道的投影一样，如图 2-26 所示。

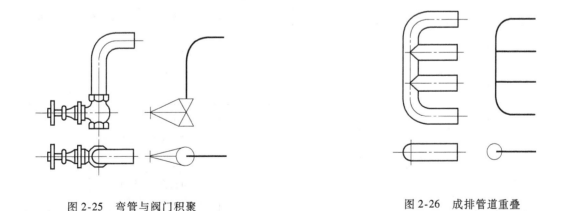

图 2-25　弯管与阀门积聚　　　　　　　　图 2-26　成排管道重叠

3. 交叉

当管道交叉时，能全部看见的管道应表示完整，看不见的部分管道应该用虚线在双线图中表示，或用断开在单线图中表示，如图2-27所示。

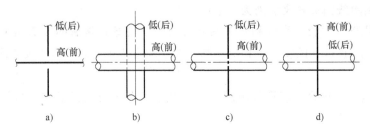

图 2-27　管道的交叉画法

第三节　符号及图例

一、线型

施工图上管道多用单线图表示，所以就要采用各种不同的线型。表 2-1 为管道施工图中常用的几种线型及其适用范围。

实线的宽度 b 一般为 $0.35 \sim 2.0mm$，但大多数为 $0.9mm$。波浪线一般用徒手画出。

表 2-1　常用线型

序号	名称	线型	宽度	适用范围及说明
1	粗实线	——————	b	1. 主要管线 2. 图框线
2	中实线	——————	$\dfrac{b}{2}$	1. 辅助管线 2. 分支管线
3	细实线	——————	$\dfrac{b}{4}$	1. 管件、阀件的图线 2. 建筑物及设备轮廓线 3. 尺寸线、尺寸界线及引出线等
4	粗点画线	—·—·—	b	主要管线（在同一张图样中区别于粗实线所代表的管线）
5	点画线	—·—·—	$\dfrac{b}{4}$	1. 定位轴线 2. 中心线
6	粗虚线	- - - - -	b	1. 地下管线 2. 被设备所遮盖的管线
7	虚线	- - - - - -	$\dfrac{b}{2}$	1. 设备内辅助管线 2. 自控仪表连接线 3. 不可见轮廓线
8	波浪线	～～～	$\dfrac{b}{4}$	1. 管件、阀件断裂处的边界线 2. 表示构造层次的局部界线

二、管路的规定代号

施工图中有众多不同用途的管子，为了互相区别，可用汉语拼音来表示，如介质为水的管路用 W 表示。

输送流体的管路规定符号有 23 大类，见表 2-2。

表 2-2　液体与气体管路的代号

类别	名称	代号	类别	名称	代号	类别	名称	代号
1	上水管	W	9	煤气管	G	17	乙炔管	AC
2	下水管	D	10	压缩空气管	AR	18	二氧化碳管	CD
3	循环水管	XH	11	氧气管	OX	19	鼓风管	GF
4	化工管	H	12	氮气管	DQ	20	通风管	TE
5	热水管	RW	13	氢气管	HY	21	真空管	ZK
6	凝结水管	CW	14	氩气管	AR	22	浮化剂管	E
7	冷冻水管	LW	15	氨气管	N	23	油管	O
8	蒸汽管	S	16	沼气管	MG			

在施工图中，如果仅有一种管路或为数不多的管路，可用不同线型表示并加以文字说明即可。

此外，管路施工图中常见有各种字母代号，每个字母都表示一定的意义。最常见有：R（r）表示管道的弯曲半径，i 表示管道的坡度；G 表示 55°非密封管螺纹，55°密封管螺纹用 Rc（圆锥内螺纹）和 Rp（圆柱内螺纹）表示，60°密封管螺纹用 NPT（圆锥管螺纹）和 NPSC（圆柱内螺纹）表示传动用和非联接密封用。ϕ 表示无缝钢管外径及设备的直径，D 表示焊接钢管的内径，d 表示铸铁管或非金属的内径，DN 表示水煤气管、阀门及管件的公称通径，δ 表示管材和板材的厚度等。

三、图例

施工图上的管件、阀件、设备多采用规定的图例来表示。这些简单图样并不完全反映实物的形象，只是示意性地表示具体的设备或管（阀）件。各种专业施工图都有各自不同的图例，这将在以后各章中详细介绍。

第四节　管道施工图表示方法

一、标题栏

标题栏提供的内容比图纸目录详细，具体的格式国家并无统一的规定标准，常见的格式和内容见表 2-3。

表 2-3　标题栏

（设计单位全称）					
设计			（图名或标题）		
校核					
审核					
设计项目			比例	图号	
设计阶段					

项目：应根据该项工程的具体名称而定。

图名：表明本张图样的名称和主要内容。

设计号：对设计工程项目的编号。

图别：表明本图所属的专业和设计阶段。

图号：表明本专业图样的编号顺序。

二、比例

管道施工图上所画物体的图形大小与实物大小之比称为比例。如1:50即物体图样大小仅为实物大小的1/50。比例的代号是"*M*"。管道施工图常用比例有1:25、1:50、1:100、1:200、1:500及1:1000等几种。

三、标高

管道高度的表示方法采用标高符号表示。在立（剖）面中，为表明管道的垂直间距一般只注写相对标高而不注写尺寸。立面图的标高符号与平面图的一样，在需要标注的地方作一引出线，如图2-28所示。

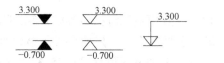

图 2-28　标高符号及注法　　　　　　图 2-29　管顶、管中、管底标高符号

为了区分管顶、管中、管底标高，可采用图2-29所示方法。在管道施工图中，多以管中心线为标高，也常用图2-28方法。几种管道在平面图上标高举例，如图2-30所示。AB管线标高为2.000m，BC管线标高为1.000m，CD管线标高为3.000m。

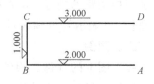

图 2-30　以管中心线为标高

管道的相对标高一般以建筑物底层室内地坪为正负零，用±0.000表示。比地坪低的用负号表示；比地坪高的用正号表示（正号可省掉）。标高单位一般采用以m为单位，数字注至小数点以后第三位。

远离建筑物的室外管道标高，大多数用绝对标高表示，我国把青岛黄海平均海平面定为绝对标高为零点，其他各地标高都以此为基准来推算。

四、坡度及坡向

坡度及坡向表示管道倾斜的程度及方向，坡向用箭头表示，箭头指向低的一端，坡度符号用"*i*"表示，在"*i*"后加上等号，在等号后写上坡度值，常用的表示方式如图2-31所示。

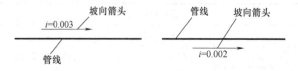

图 2-31　坡度及坡向的表示方法

五、方向标

用方向标指明管道或建筑物的朝向，方向标有指北针或风玫瑰图，如图2-32所示。

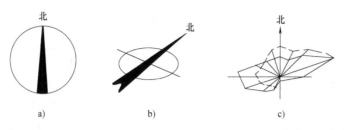

图 2-32　指北针及风玫瑰图

图 2-32a 为平面图所用，图 2-32b 为轴测图所用，图 2-32c 可指出工程所在地的常年风向频率、风速及朝向。

六、尺寸标注及尺寸单位

管道施工图中注有详细尺寸，可作为安装制作的依据。尺寸符号由四部分组成，即尺寸界线、尺寸线、箭头（或起止线）和尺寸数字，如图 2-33 所示。

管道的尺寸数字，应注在尺寸线上面，单位都采用 mm，施工图上可省掉单位。

七、管道的表示方法

管道常用表示方法如图 2-34 所示。要求表示管道直径及管壁厚。例如：$\phi159 \times 4$ 表示管道的外径为 159mm，壁厚为 4mm，箭头表示介质的流动方向。

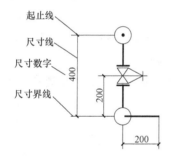

图 2-33　尺寸及尺寸单位标注

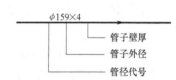

图 2-34　管道的表示方法

第五节　管道立面图表示举例

例 1　已知管道投影平面图如图 2-35 所示，根据投影原理，画出其在 V 立面和 W 立面上的投影图（见图 2-36）。

图 2-35　管道投影平面图

图 2-36　立面图

例 2　已知管道标高平面图如图 2-37 所示，根据投影原理画出其 V 立面和 W 立面上的投影图。（见图 2-38）。

22

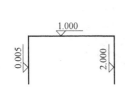

图 2-37　管道标高平面图

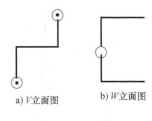

a) V立面图　　　b) W立面图

图 2-38　立面图

第六节　管道施工图的识读

在识读管道施工图时，应掌握管道施工图基本表示方法和各种专业管道图特点，对单张图样和整套图样识图的要求是：

一、对单张图样的识读

识读单张图样的顺序是：标题栏──→文字说明──→图样──→数据。通过标题栏，可知图样的名称、工程项目、设计阶段、比例等；通过文字说明可知对该图样的施工要求，了解图例的意义；通过图样可知管线、设备的布置、排列、管子走向、坡度、标高及具体数据等。

二、对整套图样的识读

识读整套图样的顺序可以从图样目录──→施工图说明──→设备材料表──→流程图──→平立（剖）面图、轴测图──→详图。通过流程图应掌握以下内容：

1）设备数量、规格、型号、名称以及管子、管件、阀门、仪表的规格、型号等情况。

2）了解物料介质的流向及变化情况。

对于平、立（剖）面图和轴测图的识读应掌握：

1）管道、设备、阀门、仪表等在空间各向的分布情况及有关施工图中所要求表示的内容。

2）了解建（构）筑物的房间分布及构造情况以及管道、设备与建（构）筑物的关系。

通过详图识读应掌握各细部的管道和设备的具体安装要求。

复　习　题

1. 管道施工图分类方法有哪两种？常见的管道专业图有哪些？
2. 整套图样包括哪些内容的图样？各有何作用？
3. 什么叫单线图、双线图？
4. 管子的重叠和交叉如何表示？
5. 施工图中的符号和图例有何作用？
6. 液体与气体管路代号有哪 23 种？
7. 常见管路施工图中字母符号有哪些？各表示什么意义？
8. 施工图中包括哪些表示方法？各作用如何？

9. 指出对单张图样和整套图样识读的一般顺序。

10. 运用投影原理，根据图 2-39 平面图，试画出其立面图的草图（垂直管道部分长短自定）。

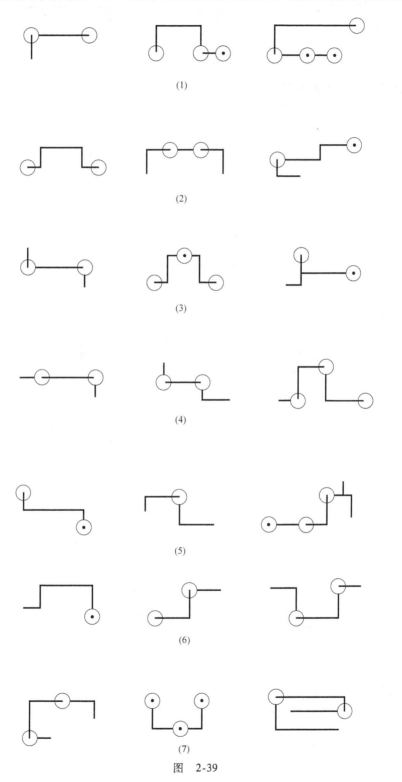

图 2-39

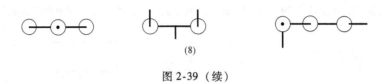

(8)

图 2-39（续）

11. 根据管线标高知识和图 2-40 平面图，试画出其立面图。

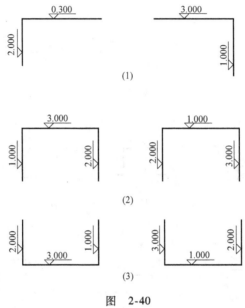

图 2-40

第三章　管道的平、剖面（断面）图

在复杂的管道工程中，往往有众多的管道、管件、阀门和设备布置密集、纵横交错，难以辩认。然而，在管道施工图样中是怎样清楚表明它们的具体位置和安装要求呢？其中管道的平面图和剖面（断面）图是分解复杂管路的一种较好方法，本章介绍它们的特点及应用。

第一节　管道的平面图

一、管道平面图概念

根据正投影方法，对空间物体进行水平投影，即得它的水平投影图。同样，安装在建筑内的管道，把建（构）筑物的平面作为水平投影面进行水平投影，则得管道的水平面投影图，我们称这样的图样为管道的平面图。

管道平面图与以前所讲的水平投影图的特性一样，能够反映管道在平面上的长、宽位置尺寸，不能反映它在高度上的位置尺寸。

根据施工的要求，管道平面图有建筑内平面图、建筑外平面图。建筑内平面图有各分层平面图、设备与管道连接的平面图等。

二、管道在平面图上的投影特性及管道平面图与其他图的关系

管道在平面图上的投影特性同直线的水平投影特性一样，也具有：①当管道平行于水平面时，其投影反映实长；②当管道倾斜于水平面时，其投影比实长缩小了；③当管道垂直于水平面时，其投影积聚为一个圆圈；④当多根管道在同一立面且平行于水平面时，其投影重叠为一根管线；⑤当多根管道在空间平行且不在同一立面时，其投影互相平行，若在空间互相交叉，其投影相交。

管道平面图是施工图中的重要图样，也是施工时重要依据。除此之外，它与其他图样有十分密切的联系。绘制管道剖面（断面）图，必须在平面图上找出剖切符号，识读管道剖面（断面）图，又要对应平面图样去看，才能准确地找出管路、管路与其他阀件、设备之间的关系。以后所述及的管道轴测图也是根据各管道在平面图上的位置和轴测投影原理而绘出的，还有轴测图的识读及详图的表示都离不开管道的平面图。

第二节　剖面图和断面图

一、剖面图的基本概念及表示方法

假想用一个剖切平面把物体的某一部分切开，将剩余部分向投影面进行投射，得到的图样称为剖面图；物体被切的部分即物体与剖切面相接触的部分称为断面或截面，把它用投影方法重新进行投射，只画出它的平面投影而所得到的图样称为断面图；

管道的剖面图，如图3-1所示，是用一个假想平面沿管道直径切开，再把剖切平面前的部分拿走，对剖切平面后的部分进行投影，画出断面的投影图而得。剖面图和断面图的区别

在于：断面图只画出截面的图形，而剖面图不但要画出断面图，而且要画出剖切平面后方未被切到部分的投影。剖面图和断面图的区别如图 3-2 所示。

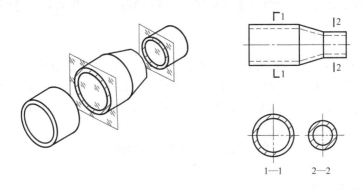

图 3-1　管道的剖面图

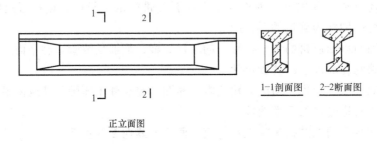

正立面图

图 3-2　剖面图和断面图

（1）剖面的剖切符号　画剖面图时，应先在平面图上确定剖切符号并进行编号。剖切符号包括剖切位置线、投射方向线和剖切符号。剖切位置线和投射方向线均应以粗实线绘制。投射方向线应短于剖切位置线（见图 3-3a）。

（2）断面的剖切符号　只用长度为 6 ~ 10mm 剖切位置线（粗实线）表示，并应在剖切位置线的一侧注写编号；编号所在的一侧应为该断面的投射方向（见图 3-3b）。

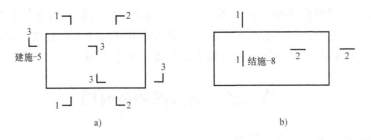

图 3-3　剖切符号的标注方法

二、断面图的种类

表示管道、阀体、构件等内部构造，可以采用不同的断面图形式表示，如根据不同的用途，断面图的种类有重合断面图、移出断面图、分层断面图、转折断面图等，这些在管道施工图样中最为常见。

（1）重合断面图　在视图中，将断面旋转90°后，重合在视图轮廓以内画出的断面，称为重合断面。例如把角钢进行剖切，所得的剖面为"L"型，再旋转90°再与视图轮廓重合，如图3-4a所示。又如把工字钢进行剖切，所得到的断面为"工"型，旋转90°重合在视图轮廓内，如图3-4b所示。

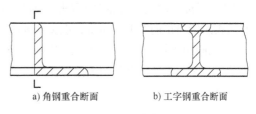

a) 角钢重合断面　　b) 工字钢重合断面

图 3-4　重合断面

重合断面使视图和断面图组合在一起，不但节约了图幅，而且给识图带来了方便。

（2）移出断面图　在视图中，将断面旋转90°，并移到视图以外的适当位置画出的剖面，称为移出断面。移出断面的轮廓线用粗实线画，断面内应画断面线。把角钢的断面用移出断面表示，如图3-5所示。

工字钢的移出断面图如图3-6所示。移出断面图较之重合断面图清楚。

图 3-5　角钢的移出断面图

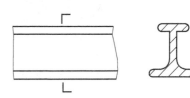

图 3-6　工字钢移出断面图

（3）分层断面图　在管道工程中，有些管道要求保温，若保温层数多且各层材料又不相同，为了便于施工人员明确保温的要求，可以用分层断面显示的方法来表示，如图3-7所示，这是分层断面图。

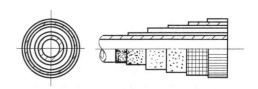

图 3-7　管道保温分层断面图

（4）转折断面图　转折断面图是用多个（一般为两个）的平行剖切平面切开物体，对断面处进行投影所得到的图样。它常用于需表示几个不同位置断面形状的地方。

三、剖面图的种类

剖面图的种类有全剖面图、半剖面图、局部剖面图等。

（1）全剖面图　只用一个假想剖切平面把物体完全切开后，重新投影所画的剖面图，称为全剖面图。把止回阀完全切开后重新投影，图3-8就是止回阀的全剖面图。全剖面图可以帮助我们完全看清物体内部的结构。

（2）半剖面图　用一个假想的剖切平面把物体的一半切开后进行投影，而另一半仅用投影表示所得的剖面图称为半剖面图，换句话说，半剖面图就是半投影半剖视。例如把螺纹旋塞阀分两半，以对称中心线为界，右半部画成全剖面图，左半部画成投影图，即为该阀的半剖面图，如图3-9所示。

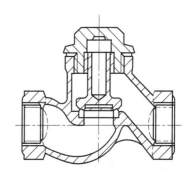

图 3-8　止回阀的全剖面图

半剖面图既可显示出物体的外形，又可显示出物体的内部结构，也就是内外结合。此种画法适用于内外形状对称，如管道、阀件、配件、热交换器等。

（3）局部剖面图　局部剖面图是用假想的一个剖切平面把管件、阀件或设备中的某一局部剖开后投影所得出的图形。如将大小头管壁的厚度与材质用局部剖面图表示，如图3-10所示。

局部剖面图使用起来灵活方便，剖面部分与投影图之间用波浪线分开。波浪线表示剖切的部位和范围，不与图样中其他图线重合。

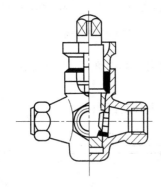

图3-9　螺纹旋塞半剖面图

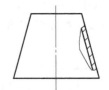

图3-10　大小头局部剖面图

第三节　管道剖面图

一、单根管道的剖面图

单根管道的剖面图，并不是用剖切平面沿着管道的中心线剖切开后所得的投影。其特点是利用剖切符号表示管道的某个投影面。某组管道平面图，如图3-11a所示，选择其中 A—A、B—B 剖切面，并按箭头所指方向投影，则得 A—A、B—B 剖面图，如图3-11b、c所示。

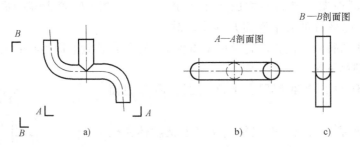

图3-11　管道剖面图

又如某一热交换器配管的平面图、立面图如图3-12a所示。采用 A—A、B—B 剖切符号并根据上述方法，画出 A—A、B—B 剖面图如图3-12b、c所示。

二、管道间的剖面图

在两根或两根以上的管道之间，假想用剖切平面切开，然后把剖切平面前面部分的管道移去，而对保留下来的后面部分管道投影，这样得到的投影图，称为管道间的剖面图。如某两路管道的平面图、立面图如图3-13a所示。

从视图上看，1号管道由来回弯组成，管道上安有阀门，而2号管道由摇头弯组成，管

道右端有大小头，它们在平面图上表示较为清楚，而在立面图上较难表示清楚，为了表明 2
号管道，采用在 1 号和 2 号管道之间进行剖切。通过剖切把位于剖切平面之前带阀的 1 号管
道移去，然后对剩下的摇头弯 2 号管道进行投影，得Ⅰ—Ⅰ剖面图，如图 3-13b 所示。

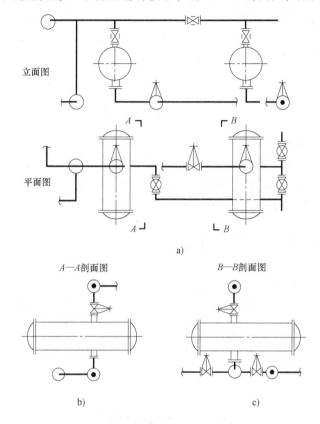

图 3-12　热交换器管道平面图、剖面图

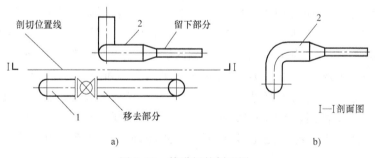

图 3-13　管道间的剖面图

　　如果管道为三路及三路以上，则采用上述方法的优越性就更能显示出来。例如：某三路
管道的平面图如图 3-14a 所示。

　　假定 1 号管道离地面高度为 2.8m，2 号管道离地面高度为 2.6m，3 号管道离地面高度
也是 2.8m。若画成立面图，因 1 号、3 号管道标高相同，显然难以辨认。若在 1 号和 2 号管
道之间标上剖切符号，画出 A—A 剖面图就能清楚地反映出 2 号和 3 号管道在垂直高度上的
关系，如图 3-14b 所示。

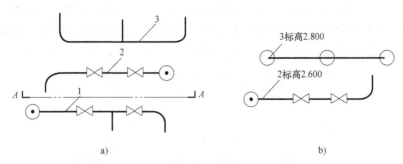

a)   b)

图 3-14　三路管道间的剖面图

三、管道断面剖面图

用一假想的剖切平面在管道断面上切开，把人与剖切平面之间的管道部分移去，对剩下部分进行投影所得到投影图，称为管道断面的剖面图。例如，某三路管道平面图如图 3-15a 所示。在Ⅱ—Ⅱ剖切符号处按箭头方向进行投影，得到的剖面图，如图 3-15b 所示。

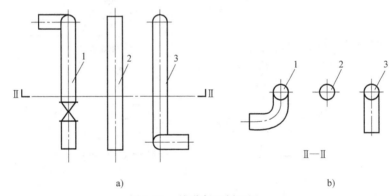

a)   b)

图 3-15　管道断面剖面图

1 号管道剖切后阀门这部分管道属于移去部分，摇头弯部分则是留下的部分，反映在剖面图上的一个小圆下面连着方向朝左的弯管。2 号管道本身是直管，所以被剖切后留下的部分是一段长度比剖切前短的直管，在剖面图上看到的图形是一个小圆。3 号管道剖切后，摇头弯部分移走，带弯头的那部分管道留下，因此在剖面图上看到的是小圆连着方向朝下的弯头。

又如，某一组由两台立式冷却器组成的配管平面图，如图 3-16 所示。

在平面图上标有三组剖切符号Ⅰ—Ⅰ、Ⅱ—Ⅱ、Ⅲ—Ⅲ分别画出Ⅰ—Ⅰ剖面图，如图 3-17 所示。Ⅱ—Ⅱ剖面图，如图 3-18 所示。Ⅲ—Ⅲ剖面图，如图 3-19 所示。

在Ⅰ—Ⅰ剖面图上，能清楚地表示两台立式冷却器的立面图和 2 号、3 号管道的剖面图。

在Ⅱ—Ⅱ剖面图上，能清楚地表示 201 号立式冷却器的立面图以及 4 号、1 号、2 号管道的剖面图。

在Ⅲ—Ⅲ剖面图上能清楚地表示 202 号立式冷却器的立面图以及 3 号管道和 1 号、2 号管道的剖面图。

无论如何复杂的管路，只要用几个剖面图表示，都能清楚地反映出所有管路之间的相互位置关系。

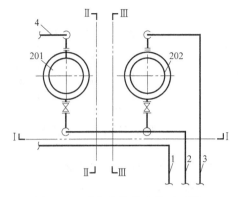

图 3-16 冷却器及其配管平面图

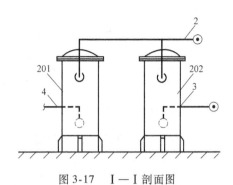

图 3-17 Ⅰ—Ⅰ剖面图

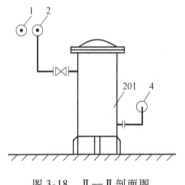

图 3-18 Ⅱ—Ⅱ剖面图

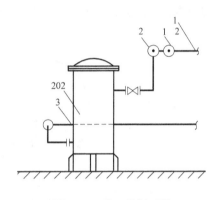

图 3-19 Ⅲ—Ⅲ剖面图

四、管道间的转折剖面图

用两个相互平行的剖切平面，在管道间进行剖切，同样把两个剖切平面之前面部分移去，再对剩余部分进行投影，所得到的剖面图为转折剖面图，这种图又称阶梯剖。这种方法经常用在只需剖切一部分管道，另一部分管道又非留下不可。例如：四根管道的平面图，如图 3-20 所示。

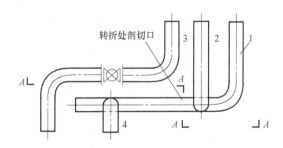

图 3-20 四根管道间平面图

为了清楚地表示出 1 号、2 号、3 号管道，采用图 3-20 中所示的剖切符号 A—A，投影后所得剖面图，如图 3-21 所示。

1 号管道上两个方向相反的三通支管就呈现在转折剖切处的切口。

在剖切平面的起始、转折、终止处，都应该用剖切符号表示。起始和终止处用剖面符号，转折处用粗短线表示，如图 3-22 所示。

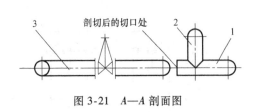

图 3-21　*A—A* 剖面图

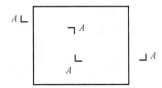

图 3-22　转折剖面符号表示

又如，由六路管道和两台设备（301 和 302）组成的平面图，如图 3-23 所示。

根据平面图上的转折剖切符号所示而画出Ⅰ—Ⅰ剖面图，如图 3-24 所示。

从Ⅰ—Ⅰ剖面图可以看出 1 号、2 号管道及设备 301 号的视图以及 3 号、4 号、6 号管道的剖面图，然后就完全清楚了各管道与设备之间的关系。

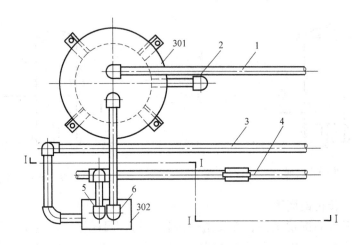

图 3-23　设备管道平面图

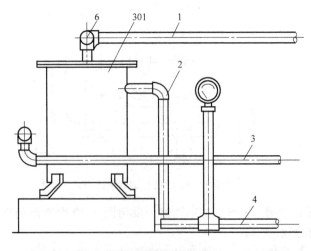

图 3-24　Ⅰ—Ⅰ剖面图

第四节　管道剖面图的识读方法

通过对剖面图的来源和几个实例分析，可以更加清楚对管道剖面图的识读的具体方法，现归纳如下：①在平面图上首先找到所识读的剖面图的剖切符号和剖切符号的顺序号；②结合平面图看剖面图，弄清各管道的名称、走向、标高、坡度坡向、管径大小；设备的型号、位置标高、进出管位置及其他仪表、阀门、附件。综合下面四句话表达平面图、剖面图之间的关系和识图方法：

1）平面剖面正投影，剖切符号定方向。

2）平面剖面对应看，管道设备分清楚。

"平面剖面正投影"意指它们都是按正投影法画出；"剖切符号定方向"意指在识读剖面图时应找到对应的位置和投影方向；"平面剖面对应看"意指看图时应结合平面图、剖面图一起看，"管道设备分清楚"意指看图时既要看出管道的走向、标高、管径大小、阀门和管件规格等，还要弄清各种设备的型号及与管道连接的情况。

复　习　题

1. 什么叫管道平面图？管道在平面图上有哪些特性？

2. 管道平面图与其他图有何联系？

3. 什么叫管道断面图？断面图有哪几种？

4. 如何画管道断面图？

5. 剖切符号包括哪些内容？如何表示？

6. 什么叫剖面图？它与断面图有何区别？

7. 常用的剖面图有哪几种？其应用条件如何？

8. 什么叫管线转折剖面图？转折符号如何表示？

9. 举例说明管道剖面图的画法。

10. 如何识读管道剖面图？

11. 根据图 3-25 平面图试画出Ⅰ—Ⅰ和Ⅱ—Ⅱ断面图（管道的垂直部分长短自定）。

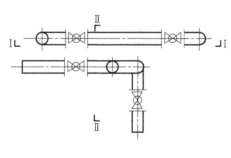

图 3-25

12. 根据图 3-26 平面图、立面图，试画出 A—A、B—B 剖面图。

13. 根据图 3-27 平面图的剖切符号，试用单线形式画出其相应剖面图（管道的垂直部分长短自定）。

14. 根据图 3-28 平面图上的剖切符号，试画出冷却器及其配管相应的剖面图（管道的垂直部分长短自定）。

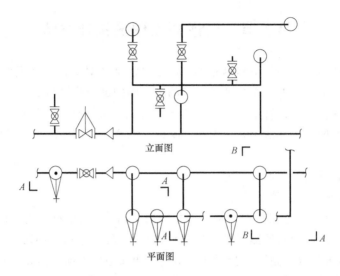

立面图

平面图

图 3-26

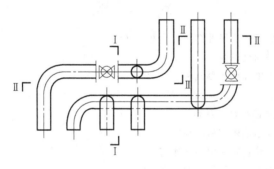

图 3-27

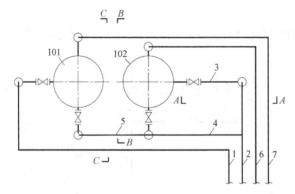

图 3-28

第四章　管道轴测图

管道轴测图是根据轴测投影原理绘制而成，能反映长、宽、高三个向度，具有立体感，容易看懂，所以它是管道施工图的重要形式之一。本章介绍轴测投影原理和管道轴测图的绘制与识读。

第一节　轴测投影原理

如图 4－1 所示，将一立方体的三个互相垂直的平面分别编号为 1、2、3。让平面 1 正对着我们，画出它的三面投影图，如图 4-2 所示。

如果在立方体的后面设一个投影面（V面），把三个互相垂直的平面及三个平面相交的轴与投影面倾斜放置，让投射线垂直于投影面，所得到的立方体投影，就称轴测投影，如图 4-3 所示。

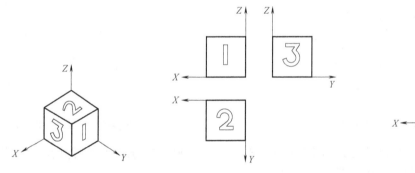

图 4-1　对立方体三个面编号　　　图 4-2　立方体的三面投影图　　　图 4-3　立方体的轴测投影图

从图 4-3 可见，轴测投影同时反映该立方体的 1、2、3 三个平面及三个平面相交的轴，我们称在空间交于一点而又互相垂直的三条直线为坐标轴，立方体的长、宽、高尺寸由坐标轴来确定。由此得的立方体投影称为正轴测投影。

如果把立方体的一个面（或"1"平面）平行于投影面，即其中两轴平行于投影面，让投射线倾斜垂直于投影面进行投射，所得的立方体投影称为斜轴测投影。

无论是正轴测投影还是斜轴测投影，因投射线互相平行，所以物体表面上互相平行的直线，在轴测投影图中仍保持平行。

表示物体在空间上下、左右、前后位置的三条坐标轴在轴测投影图上称为轴测轴，简称为轴。轴测轴的方向称轴向，轴测轴之间的夹角称为轴间角。物体上平行于长、宽、高三个方向的直线，在轴测图中平行于相应的轴测轴，而且还分别有一定的缩短率，即物体的实际长度在轴测投影中缩短的长度，用下式表示

$$缩短率 = \frac{投影长度}{实际长度}$$

管道轴测图就是根据上述原理绘制的。

第二节　正等轴测图

一、正等轴测投影的概念

仍以立方体轴测投影为例，如图 4-4 所示。让投射线方向系穿过立方体的对顶角，且垂直于轴测投影面。把立方体 X 轴、Y 轴、Z 轴放在同一投影面上的倾角都相等，所得的轴测投影图称正等测图。其特点是立方体三条坐标轴与轴测投影面的倾角相等，而且立方体上的三个互相垂直的平面与轴测投影面的倾角也相等。据推导，此时它们的轴间角 $\angle XOY$、$\angle YOZ$、$\angle ZOX$ 均等于 120°。轴测轴 OX 和 OY 与水平线的夹角 $\angle XON$、$\angle YOM$ 叫做轴倾角。在正等测中，轴倾角均为 30°。三个轴的轴向缩短率也相等，都是 0.82。为了作图方便起见，轴向缩短率都取 1，故称简化缩短率，如图 4-5 所示。

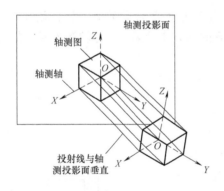

图 4-4　正等轴测图的来源

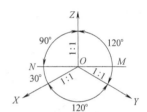

图 4-5　正等轴测轴表示

因此，在作图时，沿轴向的尺寸都可按实长量取，但画出来的图形比实际的轴测投影要大些，各轴向长度的放大比例都是 1.22:1。

二、画正等轴测图的方法

画正等轴测图的方法是：①空间两直线互相平行，画正等测图时也应平行；②物体上的直线，画正等测图时仍为直线；若平行于某一坐标轴时，画它的正等测图时，也应平行与它对应的轴测轴；③轴测轴 OZ 应画成垂直位置，OX 轴与 OY 轴可以换位，应画成相互之间的交角均为 120°，轴测图的方向可以取相反的方向，画时轴测轴可向相反的方向任意延长；④凡不平行于轴测轴方向的直线可以添加平行于坐标轴辅助线的方法，找出它与坐标轴的关系，然后再把需要连接的端点连成线段；⑤凡不平行于轴测投影面的圆，其轴测投影画成椭圆。

三、管道正等轴测图画法

画管道正等轴测图时，除按上述画法规定外，还有它的特殊性：①正确选择坐标轴即轴测轴（可以按前后走向的管线取 OX 轴方向，左右走向的管线取 OY 轴方向，高度走向的管线取 OZ 轴；或另一种前后走向的管线取 OY 轴方向，左右走向的管线取 OX 轴方向，高度走向的管线取 OZ 轴方向）；②按所取比例沿轴向按实长量取各轴向上的管线尺寸；③管道轴测图多用单线条表示。

四、管道正等轴测图画法举例

（1）单根管道正等轴测图画法　某一管道视图如图 4-6a 所示，上为立面图，下为平面图。画正等测图时，选定轴测轴，因该管线为前后走向，故其投影在 *OX* 轴或 *OY* 轴上，取管线前端点的投影在轴上的 *O* 点处，在 *OX* 轴上量取视图上的管道长，即为该管道的正等轴测图，如图 4-6b 所示。

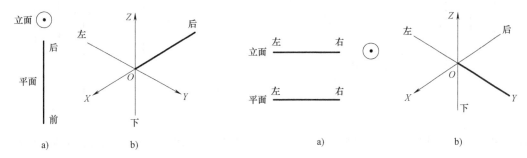

图 4-6　单根前后走向的管道正等轴测图画法　　　图 4-7　单根左右走向的管道正等轴测图画法

某一管道视图如图 4-7a 所示。显然它是左右走向，则可在表示左右走向的 *OY* 轴或 *OX* 轴表示它的长度，如图 4-7b 所示。

某一管道视图如图 4-8a 所示。显然它是上下走向，则可在表示上下走向的 *OZ* 轴表示它的长度，如图 4-8b 所示。

（2）多根管道正等轴测图画法　某三根管道视图，如图 4-9a 所示。显然，它是左右走向，则可把它们表示在与 *OY* 轴平行的方向上。把第一根管道画在 *OY* 轴上，让第二、第三根管道平行于 *OY* 轴。图中 2 号管线与 1 号管道、2 号管道和 3 号管道间距，在表示前后走向的 *OX* 轴上量取。

某三根前后走向的管道视图　如图 4-10a 所示。显然它是前后走向，则可把它们表示在与 *OX* 轴平行的

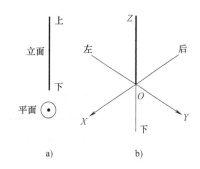

图 4-8　单根上下走向的管道正等轴测图画法

方向上，同上可画出它们在前后走向的正等轴测图，如图 4-10b 所示。

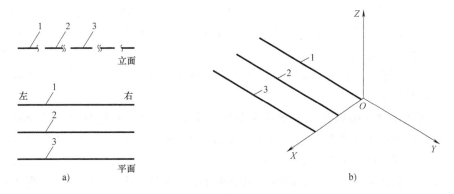

图 4-9　三根左右走向的管道正等轴测图画法

　　某三根上下走向的管道视图如图 4-11a 所示。显然它是上下走向，则可把它们表示在与 *OZ* 轴平行的方向上，同上方法可画出它们在上下走向的正等轴测图，如图 4-11b 所示。

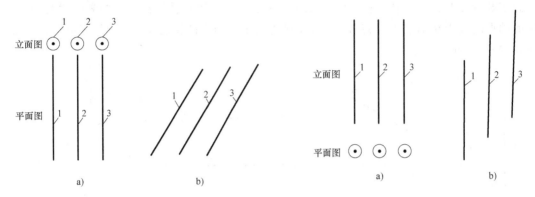

图 4-10　三根前后走向的管道正等轴测图画法　　图 4-11　三根上下走向的管道正等轴测图画法

　　某五根管道视图如图 4-12a 所示。通过对平、立面图的分析得知：1 号、2 号、3 号管线是左右走向的水平管道，4 号、5 号管道是前后走向的水平管道，而且这五根管道的标高相同，因此确定前后走向的管道是 *OX* 轴，左右走向的管道是 *OY* 轴，同理可画出这五根管道的正等轴测图，如图 4-12b 所示。

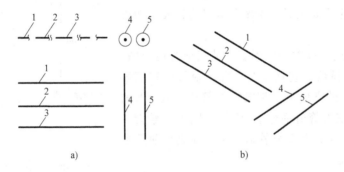

图 4-12　多根管道不同走向的正等轴测图画法

　　（3）交叉管道正等测图画法　某两根管道交叉，其视图如图 4-13a 所示。通过对平面图、立面图的分析得知，其中一根是左右走向的水管道，另一根是前后走向的水平管道，由于两根管道标高不同，所以在平面图上这两根管道所呈现的投影是交叉投影，其交叉角为 90°。按以前所讲方法，取其前后走向的管线与 *OX* 轴一致，取左右走向的管道与 *OY* 轴一致，取其投影交点为两轴测轴交点 *O*，分四小段分别量取在平、立面图上的实长。在正等轴测图中，标高高的或在前面的管道应画完整，而标高低的或在后面的管道应用断开线的形式加以表示，如图 4-13b 所示。

　　（4）弯管正等轴测图画法　某弯管视图如图 4-14a 所示。通过对视图的分析，它是水平放置，有前后水平走向和左右水平走向，故选定 *OX* 轴为前后向，*OY* 轴为左右向，同理可画出弯管的正等测图，如图 4-14b 所示。

　　某弯管视图如图 4-15a 所示。通过对视图的分析，这只弯头的一部分是垂直部分，断口朝上，另一部分是水平部分，左右走向，同理可画出它的正等轴测图，如图 4-15b 所示。

在画弯管正等测图时，可以把管道变向点选定轴测轴的交点上。

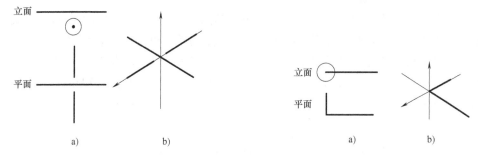

图 4-13　两根交叉管道正等轴测图画法　　　　图 4-14　弯管正等轴测图画法之一

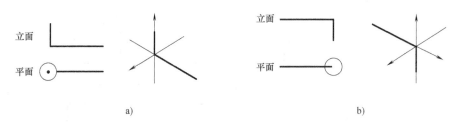

图 4-15　弯管正等测轴图画法之二

（5）三通正等轴测图画法　某三通视图，如图 4-16a 所示。

通过对视图分析得知，这个正三通有上下走向和前后走向两部分，并 90°连接。选 OX 轴为前后向，OZ 轴为上下向，沿轴量尺寸时要考虑整个三通的走向，此走向应根据该三通在空间的实际走向和具体位置来确定。同理，可画出三通的正等轴测图，如图 4-16b 所示。

图 4-16　三通的正等轴测图画法

（6）管道、阀门及设备连接正等轴测图画法　某热交换器及其配管、阀门平面图、立面图，如图 4-17a 所示。通过对视图分析而得知，两热交换器前后放置，标高相同。两热交换器均有进出口，进口在下，出口在上，总进气管从右下边来，分别进入热交换器的下口，并在其上设有阀门，出汽管从热交换器上面走，并在其上也设置了阀门。画正等轴测图时，依照上述方法，并把热交换器、阀门以示意性的图例画出，而画出它们的正等轴测图，如图 4-17b 所示。

五、画正等轴测图总结

通过正等轴测图画法的原理及画法举例，我们对正等轴测图的画法总结如下：①确定好管线的走向，可通过对平面图、立面图仔细分析而得；②选好与走向相对应的轴测轴，其方法是：

1）左右东南斜，上下竖画竖。

2）前后东北斜，向交120°。

解释如下：左右指东西向的管道，在画正等轴测图时，线条应朝东南向斜，也就是画在 Y 轴或与 Y 轴平行的方向上；上下竖画竖，指上下走向的立管，在画正等测图上应垂直画在 Z 轴或与 Z 轴平行的线上。前后是指南北走向的管线，在画等测图时应朝东北方向斜，也就是画在 X 轴或与 X 轴平行的线上。向交120°，指 X 轴、Y 轴、Z 轴三轴相交于平面上的角度，在画正等测图时，应为120°，即 $\angle XOY = \angle XOZ = \angle YOZ = 120°$。

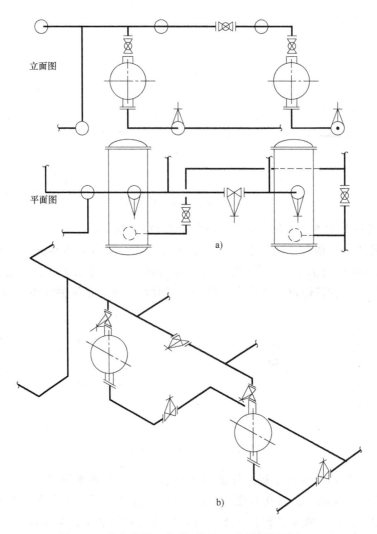

图 4-17 热交换器、管道、阀门正等轴测图画法

第三节　斜等轴测图

一、斜等轴测投影的概念

同样以正方体轴测投影为例，如图4-18所示。把正立面及其两个坐标轴放在平行于投

影面的位置进行斜投射，这样得到的轴测图称为斜轴测图。若把 OZ 轴放在垂直位置，并把坐标面 XOZ 放成平行于轴测投影面的位置。这样使轴测轴 O_1X_1 为水平方向的轴，O_1Z_1 为垂直方向的轴，轴间角 $\angle X_1O_1Z_1 = 90°$，$\angle X_1O_1Y_1 = \angle Y_1O_1Z_1 = 135°$，$O_1X_1$、$O_1Y_1$ 和 O_1Z_1 三轴的轴向缩短率都是 1:1，空间物体上平行于坐标面 XOZ 的图形，在轴测图中反映实形，由此所得的斜轴测图为斜等轴测图。其各轴及轴间角的分布如图 4-19 所示。

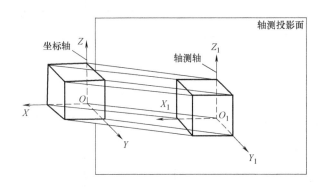

图 4-18　斜等轴测图

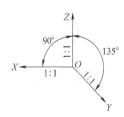

图 4-19　轴间角和轴向变化率

二、斜等轴测图画法

画斜等轴测图的方法是：①空间两直线互相平行，画在斜等轴测图上也应平行；②空间物体上的直线，画在斜等轴测图上仍为直线，若平行于某一坐标轴，画它的斜等轴测图时，也应与它对应的轴测轴平行；③轴测轴 OZ 应画成垂直位置，OY 轴可以放在与 OZ 轴成 135°的另一侧位置上，如图 4-20 所示；④轴测轴的方向可以取相反方向，画图时可以向相反方向任意

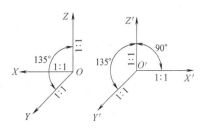

图 4-20　斜等轴测轴的选定

延长；⑤凡不平行于轴测轴方向的直线，可以添加平行于坐标轴辅助线的方法，找出它与坐标轴有关的点，然后再把需要连接的端点连成线段；⑥画平行于坐标轴 XOZ 圆的斜等轴测图时，只要找出圆心的轴测图上点后，按实形画圆即可。而当画平行于坐标面 XOY、YOZ 的圆的斜等轴测图时，其轴测投影图应为椭圆。

三、管道斜等轴测图画法

画管道斜等轴测图时，原则上应根据上述方法，但在实际画图时，我们常把 OX 轴选定为左右走向的轴，OY 轴选定为前后走向的轴，OZ 轴为上下垂直走向的轴，如图 4-20 所示。这样在六个空间方位上，沿轴向的管道长度根据管道的平面图和立面图上每段的实际长度（并非指由数字标注的真正尺寸）用圆规或钢直尺直接量取即可。

四、管道斜等轴测图画法举例

根据上述方法，管道斜等轴测图的画法举例如下：

（1）单根管道斜等轴测图画法　某一管道视图如图 4-21a 所示。上为立面图，下为平面图。分析视图可知，该管道为前后走向，故其投影在 OY 轴上，从 O 点起在 OY 轴上用圆规或钢直尺在平面图上直接量取线段的实长，如图 4-21b 所示。

某一管道视图如图 4-22a 所示。上为立面图，下为平面图，右为左视图。通过视图分析

42

可知该管道为左右水平走向，则从 O 点起在 OX 轴直接量取在平、立面图上的实长，如图4-22b所示。

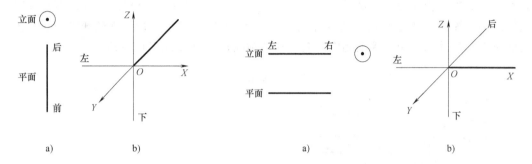

图 4-21　单根前后走向的管道斜等轴测图画法　　图 4-22　单根左右走向的管道斜等轴测图画法

某一管道视图如图 4-23a 所示。从视图分析得知该管道为上下垂直走向，则从 O 点起在 OZ 轴上直接量取在立面图上的实长，如图 4-23b 所示。

（2）多根管道斜等轴测图画法　某三根管道视图如图 4-24a 所示。

从平面图、立面图可知，三根管道为左右水平走向，标高相同，故其投影在 OX 轴方向上。以其中 2 号管道的实长在 OZ 轴上量取，1 号、3 号管道平行于它，其间距在平面图上量取，并在 OY 轴向上反映出来，其斜等轴测图如图 4-24b 所示。

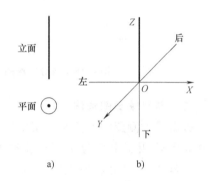

图 4-23　单根上下走向的管道斜等轴测图画法

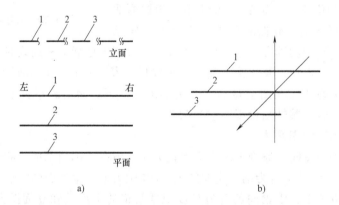

图 4-24　三根左右水平走向的管道斜等轴测图画法

（3）交叉管道斜等轴测图画法　某两交叉管道视图如图 4-25a 所示。从视图分析可知，其中一根为左右水平向，另一根为前后水平向；两者标高不一样。以视图交叉点分四小段，沿 Y 轴向量取前后向的两小段，沿 X 轴向量取左右走向的两小段，把在上方能见到的管道画完整，把在下方不能见到的管道部分用折断线断开表示，如图 4-25b 所示。

（4）弯管斜等轴测图画法　某弯管视图如图 4-26a 所示。从视图分析而知，该弯管为水平放置，以轴测轴交点 O 分别在 X 轴向、Y 轴向量取左右、前后走向的各一小段，画出如图 4-26b 所示。

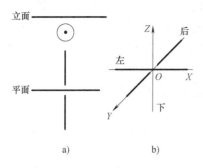

图 4-25　交叉管道斜等轴测图画法

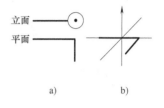

图 4-26　弯管斜等轴测图画法

其他位置摆法的弯头斜等轴测图画法请参照正等轴测图画法。

（5）三通斜等轴测图画法　某三通视图如图 4-27a 所示。通过视图分析，主管的走向是前后向，支管走向是上下向。画斜等轴测图时，从轴测轴交点 O 起分别在 X、Y、Z 轴向量取三通在平面图、立面图上的左右、前后、上下走向的三个小段，如图 4-27b 所示。

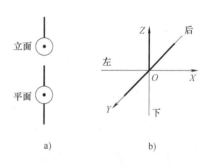

图 4-27　三通斜等轴测图画法

（6）管道、设备及阀门连接斜等轴测图画法　仍以图 4-17a 为例，根据斜等轴的选定，以 X 轴为左右向的轴，Y 轴为前后向的轴，Z 轴为上下向的轴，画图如图 4-28 所示。

只要掌握正等测轴与斜等测轴的特点并与图 4-17b 对比分析，不难看懂图 4-28。

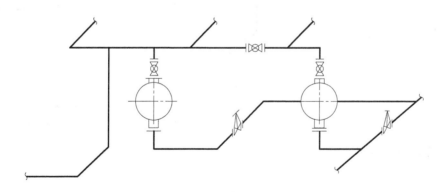

图 4-28　热交换器管道、阀门斜等轴测图画法

五、斜等轴测图画法总结

通过斜等轴测图的原理及画法举例分析，对斜等轴测图画法总结如下：①根据视图确定管线的空间走向；②选好与走向对应的轴测轴。斜等轴测轴画法如下：

1）左右平面平，上下竖画竖。

2）前后东北斜，倾斜 45°。

左右是指东西走向的管道，原来是水平画的管道，在画斜等轴测图时仍画成水平，管道的走向、长短和角度都不变。上下竖画竖是指垂直画的上下立管，在画斜等轴测图时仍画成垂直，管线长短仍与视图一样。前后是指南北走向的管线，它是唯一需要把 *Y* 轴画成东北方向斜的线，即所谓东北斜。线条斜度与水平线所成的夹角为 45°。

第四节　管道轴测图表示举例

例 1 已知管道投影平面图如图 4-29 所示，绘制管道正等轴测图、斜等轴测图（见图 4-30）。

a) 管道正等轴测图　　　b) 管道斜等轴测图

图 4-29　管道投影平面图　　　　　　　　图 4-30　轴测图

例 2 已知管道标高平面图如图 4-31 所示，绘制管道正等轴测图，斜等轴测图（见图 4-32）。

a) 管道正等轴测图　　　　　　b) 管道斜等轴测图

图 4-31　管道标高平面图　　　　　　　图 4-32　等轴测图

第五节　管道轴测图的识读方法

通过上面所述正、斜等轴测图的画法，反过来我们就容易理解如何识读管道轴测图。其要点是：①首先应对管道的平面图、立面图进行认真分析研究，确切了解管线的走向、分支、拐弯及弯头角度，管道上所连接的设备、阀门、仪表等的位置及有关尺寸；②分析轴测轴的选择，确定管道轴测图是正等测图之后，还是斜等测图之后。根据等测图的特点，对照视图，沿管中流体介质的流向，看设备在视图和轴测图上的位置以及设备与管道在轴测图的连接情况。

复 习 题

1. 试述轴测投影的原理，说明轴测投影与正投影有何不同。

2. 什么是正等轴测图？什么是斜等轴测图？两者的区别何在？

3. 正等测轴、斜等测轴如何确定？

4. 试述正等测图的一般画法及管道正等测图的画法。

5. 列举直管道、弯管、三通几种正等轴测图的画法，用图示之。

6. 试述斜等轴测图的一般画法及管道斜等测图画法。

7. 列举直管道、弯管、三通几种斜等轴测图画法，用图示之。

8. 如何识读管道轴测图？

9. 根据下列已知平面图、立面图、（图 4-33 上为立面图、下为平面图），说出它们的名称，并画出它们的正等轴测图、斜等轴测图。

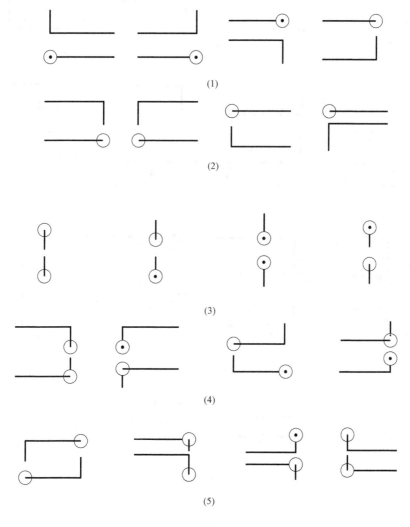

(1)

(2)

(3)

(4)

(5)

图 4-33

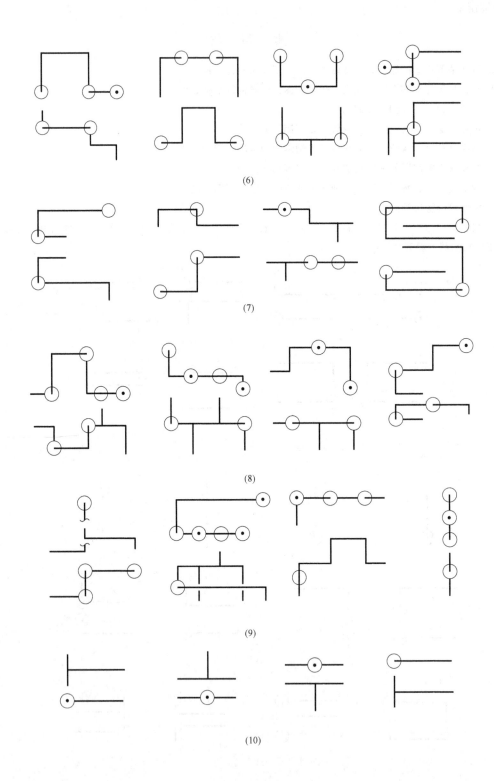

(6)

(7)

(8)

(9)

(10)

图 4-33（续）

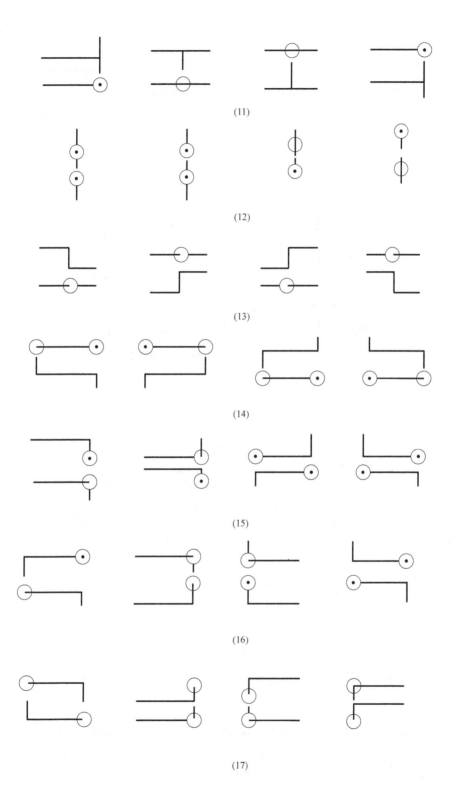

(11)

(12)

(13)

(14)

(15)

(16)

(17)

图 4-33 （续）

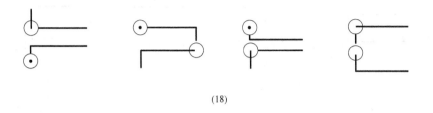

(18)

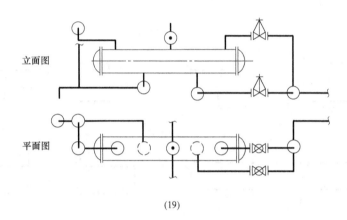

(19)

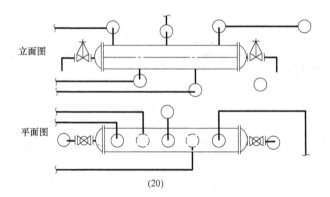

(20)

图 4-33（续）

10. 根据管线标高知识和图 4-34 平面图，试分别画出正等轴测图和斜等轴测图。

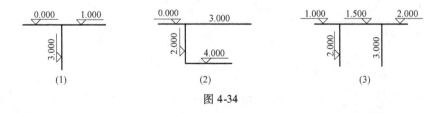

图 4-34

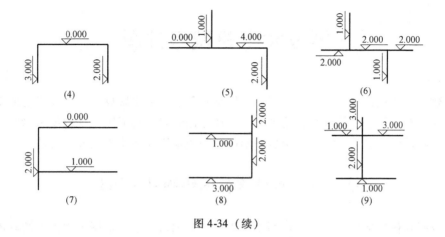

图 4-34（续）

第五章　机械零件图

随着建筑工业现代化，管道工人逐渐从繁重的手工劳动中解放出来，而广泛地使用各种机具和设备，在使用、维修机具和设备时，往往会碰到各种机械图，这就要求他们具有一定识、制机械零件图的能力。本章介绍机械制图的一般常识和常用件的表示方法。

第一节　机械零件图绘制基本知识

反映空间物体的形状和尺寸，可用正投影法和轴测投影法。机械零件图的绘制也是按上述原理和方法进行的，与管道施工图比较机械零件图较复杂，但它们仍有许多不同之处。

一、基本视图

在管道的正投影制图中，一般采用三面投影即可。由于机械零件的形状和构造较为复杂，用三面投影很难以把它的构造、形状和尺寸表达清楚。所以机械制图在国标"图样画法"中规定了"视图""剖视（断面）图""局部放大图"及"零件简化画法"的具体规定。

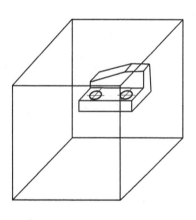

为完整清楚地表达某机件各部分的形状和尺寸，在原有三个投影面的基础上，又增加了三个投影面，六个投影面组成一个正六面体，如图 5-1 所示。

从机件的前、后、左、右、上、下六个方向，分别向各基本投影面进行投射，可得到六个投影图。然后将六个基本投影面展开：即正面不动，其余五个投影面按箭头所示方向旋转到正面所在的平面上，如图 5-2 所示，即得六个基本视图。六个基本视图中，向正面投影所得到的图形称为主视图，其余各基本视图分别称俯视图、左视图、右视图、仰视图和后视图，如图 5-3 所示。

图 5-1　六个基本投影面的形成

在同一张图样内如按图 5-3 配置时，一律不标注视图的名称。六个视图与三视图一样，也同样符合"三等"规律：主、俯、仰视图"长对正"；主、左、右、后视图"高平齐"；俯、左、右、仰视图"宽相等"。

二、斜视图

在图 5-4a 中，画出了图 5-4b 中所示的压紧杆的三视图，这三个视图不但画图比较困难，而且表达得不清晰，看图也不方便。由于压紧杆左下部的结构对 H 面和 W 面都是倾斜的，所以俯视图和左视图都不能反映它的实形。为了清晰地表达压紧杆的倾斜结构，可以如图 5-4b 所示，加一个平行于倾斜结构端面的正垂面作为辅助投影面，将倾斜结构按垂直辅助投影面的方向 A 作投影，就得到反映它实形的视图。这种把零件向不平行于任何基本投影面的平面投射所得的视图，称为斜视图。由于画压紧杆的斜视图仅为了表达它的倾斜结构的

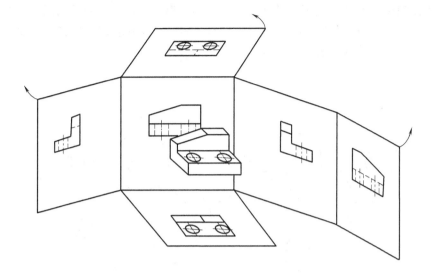

图 5-2　六个基本视图及其展开

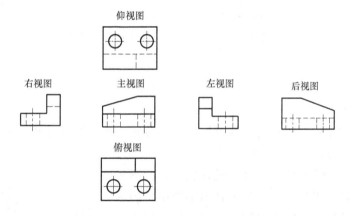

图 5-3　六个基本视图配置位置

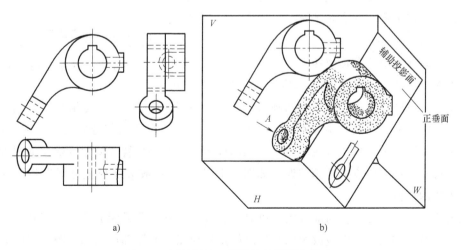

图 5-4　压紧杆的三视图及斜视图的形成

实形，可以用波浪线断开，而不画其他部分的投影。但必须在相应视图的附近用箭头指明投影的方向，并注上字母，如图5-5a、b所示。斜视图一般配置在箭头所指的方向，且应符合投影关系，同时在斜视图上方标注"×"。

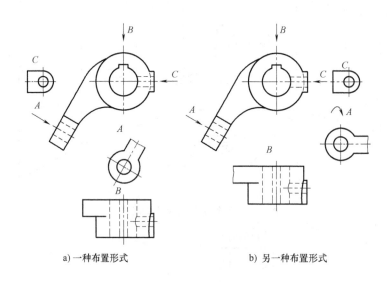

a) 一种布置形式　　　　　　　　　b) 另一种布置形式

图 5-5　压紧杆的视图及图面布局

三、旋转视图

按"国标"规定：假想将零件的倾斜部分旋转到与某一选定的基本投影面后，再向该投影面投影，所得的视图就叫旋转视图。

如图 5-6 所示，摇杆右臂对 H 面是倾斜的，画图时为了方便且表达得更明显，可以如主视图中带箭头的细线所示，假想把摇杆的右臂绕中间孔的轴线旋转到水平后，再向 H 面进行投影，由此而得它的俯视图，也就是这个摇杆的旋转视图。在实际画图时，旋转所示箭头线可以不必画出。

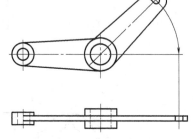

图 5-6　摇杆的旋转视图

四、局部放大图和简化画法

（1）局部放大图画法　局部放大图就是将零件的部分结构用大于原图形所采用的比例而画出的图形。在图5-7a中，为了更清楚地表达轴的退刀槽和便于标注尺寸，可在需要放大的部位用细实线圈出，在放大部位附近画出局部放大图，并在局部放大图的上方标明采用的比例。局部放大图一般都配置在被放大部位的附近，当同一零件上有几个都需要放大的部位时，如图 5-7b 所示。在放大部位上方标出相应的罗马数字和所采用的比例。

从图 5-7 中可以看出，局部放大图可以画成视图、剖视图或断面图，它与被放大部分的表达方式无关，如图 5-7 中被放大的部位画的是外形图，而局部放大图却画成了断面图。

（2）简化画法　根据"国标"规定，在机械制图中，对一些具体图形可以采用简化画法。

1）对于零件的肋、轮辐及薄壁等，如果剖切平面通过这些结构的基本轴线或对称平面时，这些结构都不画剖面符号，而用粗实线将它与邻接部分分开，零件肋的画法如图 5-8 所示。剖切平面若通过成辐射状均匀分布的肋、轮辐、孔等，其剖视图也应按图 5-8 画。

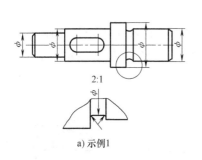
a）示例1

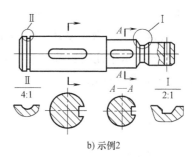
b）示例2

图 5-7 局部放大图

2）与投影面倾斜角度 ≤30° 的圆或圆弧，其投影可以用圆或圆弧来代替，如图 5-9 所示。

3）圆柱形法兰和类似零件上均匀分布的孔，其画法可按图 5-10 所示。

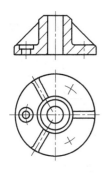

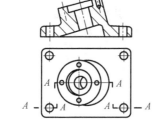

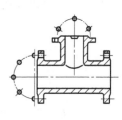

图 5-8 零件肋的简化画法　　图 5-9 与投影面倾斜角度　　图 5-10 均匀分布孔的画法
　　　　　　　　　　　　　　≤30° 的圆及圆弧画法

4）当零件具有若干相同结构（如齿、槽等），并按一定规律分布时，只需画出几个完整的结构，其余用细实线连接，但必须注明该结构的总数，如图 5-11 所示。

5）若干直径相同且排列规律的孔，可以仅画几个，其余只需表示出其中心位置，但应注明孔的总数，如图 5-12 所示。

6）在剖视图的剖面中可以再作一次剖视，采用这种画法时，两者的剖面线应同方向、同间隙，但要互相错开，一般须用引出线标注其名称；当剖切位置明显时，也可以不标注，如图 5-13 所示。

7）较长的零件，例如轴、杆、型材、连杆等，若沿长度方向的形状一致或按一定规律变化时，可以断开画出，但零件的尺寸应按实际长度标注，断开处用波浪线表示，如圆管或空心圆柱体按图 5-14 画出。

8）零件上斜度不大的结构，如在一个图形中已表示清楚，其他图形可以只按小端画出如图 5-15 所示。

9）零件上较小的结构，如在一个图形中已表示清楚，则在其他图形中可以简化或省略，如图 5-16 的主视图中，销孔处应有四条相贯线的投影，省略了两条，并把画出的两条也简化为圆。

10）网状物、编织物或零件上的滚花部分，可以在轮廓线附近示意性地画出这些结构，并在零件图上或技术中注明这些结构的具体要求。如图 5-17 表示零件左边整个圆柱面上有间距为 0.8mm 的网纹滚花。

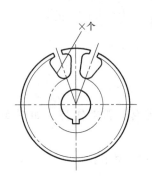

图 5-11　相同结构的画法

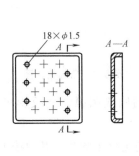

图 5-12　若干直径相同且
成规律的画法

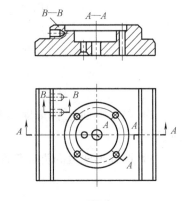

图 5-13　剖面中再剖视画法

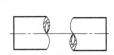

图 5-14　较长零件画法

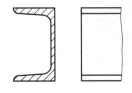

图 5-15　零件上斜度不大的结构的画法

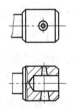

图 5-16　零件上较小结构的画法

图 5-17　滚花的画法

11）在锅炉、化工设备等装配图中，用点画线表示密集的管道，如图 5-18 所示。

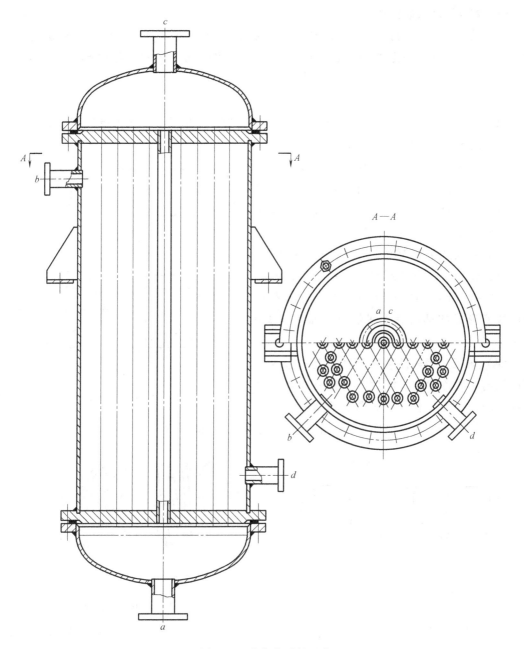

图 5-18　密集管子的画法

第二节　常用零件图画法及表示方法

　　在机械零件中，螺钉、螺栓、螺母、垫圈、齿轮、轴承、弹簧等是常用件。这些常用件中有的规格和尺寸已标准化，凡标准化了的常用件叫做标准件。对标准件的形状不必按真实投影画出，只要按机械制图"国标"的画法绘制，并注上相应的规定代号和标记，这样不但可提高制图的效率，而且图面比较清晰。

一、螺纹和螺纹联接件

螺纹是指螺栓、螺钉、螺母、丝杆、管子螺纹联接接头等零件上起联接和传动作用的牙型部分。在圆柱外表面上的螺纹称外螺纹，在圆孔内表面上的螺纹称内螺纹，如图 5-19 所示。

1. 螺纹要素

（1）牙型　螺纹的牙型有三角形、梯形、锯齿形和矩形等。三角形螺纹多作为联接用，其他牙型的螺纹一般作为传动用。

（2）大径与小径　与外螺纹牙顶或内螺纹牙底相重合的假想圆柱面的直径称大径，而与外螺纹牙底或内螺纹牙顶相重合的假想圆柱面的直径称小径，如图 5-20 所示。

（3）螺纹线数　螺纹有单线和多线之分。沿一条螺旋线所形成的螺纹称单线螺纹，如图 5-21a 所示；沿两条或两条以上轴向等距分布的螺旋线所形成的螺纹称多线螺纹，如图 5-21b 所示。

（4）螺距　相邻两牙在中径线上对应两点间的轴向距离称螺距，螺纹件旋转一周在沿轴向移动的距离为导程。单线螺纹的螺距与导程相等，多线螺纹的导程等于螺距乘以螺纹线数，如图 5-22 所示。

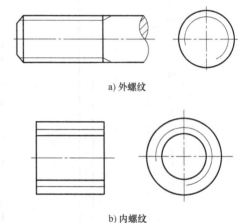

a) 外螺纹

b) 内螺纹

图 5-19　外螺纹与内螺纹

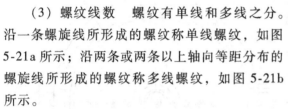
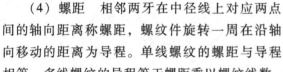

图 5-20　螺纹大径与小径

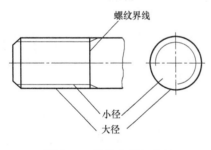
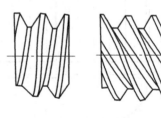

a) 单线螺纹(左)　　b) 多线螺纹(三线、右)

图 5-21　单、多线螺纹

（5）旋向　螺纹的旋向有左旋和右旋之分。右旋螺纹按顺时针方向旋入的螺纹，如图 5-23a 所示；左旋螺纹按逆时针方向旋入，如图 5-23b 所示。

螺纹基本要素是确定螺纹形状和有关尺寸的基本依据。一对旋合的螺纹，基本要素必须相同，否则不能旋合。

2. 螺纹的规定画法

（1）外螺纹的画法　大径画粗实线，小径画细实线（近似作图时取小径等于大径的 0.85 倍），小径画进倒角及倒圆之内；螺纹终止界线画粗实线。在垂直于螺纹轴线的投影面视图上，表示牙底的细实线圆只画约 3/4 圆，此时倒角圆省略不画。当需要表示螺纹收尾时，螺尾部分的牙底线用与轴线成 30°的细实线表示，如图 5-19 所示。

（2）内螺纹的画法　在剖视图中，大径用细实线画，小径和螺纹终止线用粗实线画，剖面线画到粗实线为止。在垂直于螺纹轴线的投影面视图上，孔的倒角圆省略不画。在螺纹未剖开的视图上，不可见螺纹的所有图线均按虚线绘制，如图5-24所示。

（3）螺纹联接件的画法　在剖视图中，旋合部分应按外螺纹画，其余部分仍按各自的画法画，如图5-25所示。

3. 螺栓、螺母和垫圈的比例画法

螺栓、螺母和垫圈的比例画法如图5-26所示。

4. 螺纹的种类、代号和标注（见表5-1）

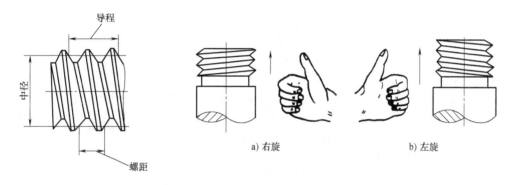

图 5-22　螺距与导程　　　　　　　　图 5-23　螺纹的旋向

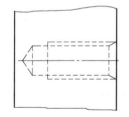 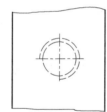 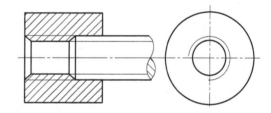

图 5-24　内螺纹的有关画法　　　　　图 5-25　螺纹联接件的画法

表 5-1　螺纹的种类、代号和标注

	螺纹种类	种类代号	代号标记方法及说明	代号标记应用示例
联接螺纹	粗牙普通螺纹	M	M10—5g M10—7H 公差带代号 公称直径 普通螺纹代号 （粗牙不标螺距）	M10—5g　M10—7H
	细牙普通螺纹	M	M 24 × 1.5 — 5g6g — LH 旋向 公差带代号 螺距 公称直径 普通螺纹代号 （细牙标注螺距）	M24×1.5—6H—LH M24×1.5—5g 6g —LH

（续）

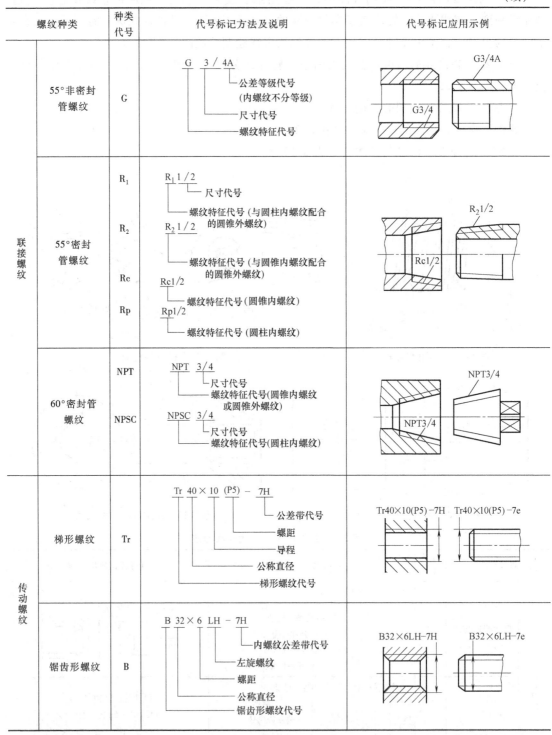

螺纹种类		种类代号	代号标记方法及说明	代号标记应用示例
联接螺纹	55°非密封管螺纹	G	G 3/4A 公差等级代号（内螺纹不分等级） 尺寸代号 螺纹特征代号	G3/4A G3/4
	55°密封管螺纹	R₁ R₂ Rc Rp	R₁1/2 尺寸代号 螺纹特征代号（与圆柱内螺纹配合的圆锥外螺纹） R₂1/2 螺纹特征代号（与圆锥内螺纹配合的圆锥外螺纹） Rc1/2 螺纹特征代号（圆锥内螺纹） Rp1/2 螺纹特征代号（圆柱内螺纹）	R₂1/2 Rc1/2
	60°密封管螺纹	NPT NPSC	NPT 3/4 尺寸代号 螺纹特征代号（圆锥内螺纹或圆锥外螺纹） NPSC 3/4 尺寸代号 螺纹特征代号（圆柱内螺纹）	NPT3/4 NPT3/4
传动螺纹	梯形螺纹	Tr	Tr 40×10 (P5) - 7H 公差带代号 螺距 导程 公称直径 梯形螺纹代号	Tr40×10(P5)-7H Tr40×10(P5)-7e
	锯齿形螺纹	B	B 32×6 LH - 7H 内螺纹公差带代号 左旋螺纹 螺距 公称直径 锯齿形螺纹代号	B32×6LH-7H B32×6LH-7e

  螺纹的配合精度不仅与公差带有关，并且与螺纹旋合长度也有关。较长的旋合长度，由于螺距积累误差、螺纹轴线形状误差等原因，往往难以旋入。而较短的旋合长度，则会有晃动。旋合长度分长旋合长度（以 L 表示、短旋合长度（以 S 表示）、中等旋合长度（以 N 表

示，可省略）。

二、齿轮的画法

齿轮是广泛用于机械中的常用零件，它既可传递动力，又可改变转速和旋转的方向。常用的齿轮传动形式有圆柱齿轮传动、锥齿轮传动和蜗杆传动。

1. 圆柱齿轮

圆柱齿轮常用于两平行轴之间的传动。圆柱齿轮有直齿、斜齿和人字齿。绘制齿轮图时，首先要了解齿轮各部分的名称和尺寸关系。

（1）名称和代号　直齿圆柱齿轮各部分的名称和代号如图 5-27 所示。

1）齿顶圆　通过轮齿顶部的圆。

2）齿根圆　通过轮齿根部的圆。

3）分度圆　用来均匀分齿，并确定齿厚和齿间距大小的圆，它是位于齿顶圆与齿根圆之间的一个假想圆。在标准圆柱齿轮中，分度圆上的齿厚和齿间距相等。

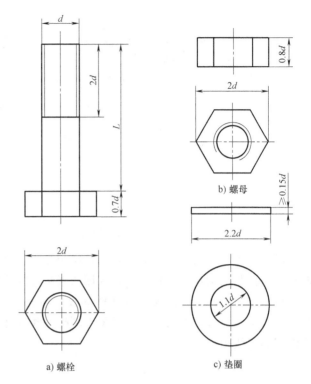

图 5-26　螺栓、螺母、垫圈的比例画法

a) 螺栓　　b) 螺母　　c) 垫圈

4）齿顶高　齿顶圆至分度圆的径向距离。

5）齿根高　分度圆至齿根圆的径向距离。

6）齿高　齿顶圆至齿根圆的径向距离。

7）齿数　轮齿的数目。

8）齿厚　轮齿在分度圆上所占的弧长。

9）槽宽　相邻两齿之间的空隙在分度圆上所占的弧长。

10）齿距　相邻两齿在分度圆上的对应点间的弧长。

（2）直齿圆柱齿轮的表示

1）单个直齿圆柱齿轮规定画法是齿顶圆和齿顶线用粗实线画，分度圆和分度线用点画线画，齿根圆和齿根线用细实线画（也可省略）；齿根线在剖视图中画粗实线。

2）两个直齿圆柱齿轮啮合的画法是在垂直于圆柱齿轮轴线的投影面的视图中，啮合区内的齿顶圆均用粗实线表示；两个分度圆用细点画线表示，并应相切；齿根圆可省略不画，如图 5-28a 所示。在剖视图中，当剖切面通过两啮合齿轮轴线时，在啮合区内，将一个齿轮的齿顶线和齿顶线用粗实线绘制；另一个齿轮的轮齿被遮挡部分的齿顶线用虚线表示，也可以不画，齿根线用粗实线表示，如图 5-28b 所示。

2. 直齿锥齿轮

直齿锥齿轮通常用来传递直角相交两轴之间的动力。由于轮齿位于圆锥面上，所以轮齿的大小是逐渐变化的，通常以大端模数为准。一对锥齿轮啮合时，也必须模数相等。直齿锥齿轮的视图和线型处理，与直齿圆柱齿轮是一致的，如图 5-29 所示。

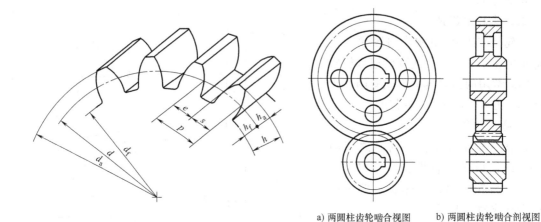

a) 两圆柱齿轮啮合视图　　　　　b) 两圆柱齿轮啮合剖视图

图 5-27　直齿圆柱齿轮各部分名称　　　　　图 5-28　直齿圆柱齿轮啮合画法

两直齿锥齿轮的啮合画法，其轴线应相交于顶点，分度圆锥也应相切，如图 5-30 所示。若把主视图画成剖视图，轮齿啮合区域的画法与圆柱齿轮啮合区域的画法基本相同，而左视图则按不剖画法画出，其大端分度圆的投影应相切，当一齿轮的轮齿被另一齿轮的轮齿遮挡，其齿顶线可省去不画；当主视图不剖时，啮合区域的齿顶线和齿根线都不画出，分度圆锥线用粗实线画出。

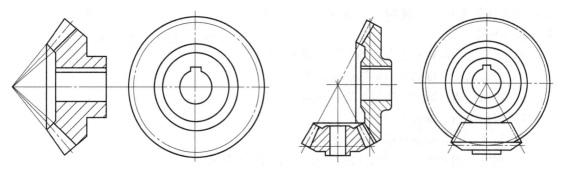

图 5-29　直齿锥齿轮画法　　　　　　图 5-30　两锥齿轮啮合画法

三、蜗轮与蜗杆

蜗轮与蜗杆通常用于垂直交叉两轴之间的传动，其中蜗杆是主动，蜗轮是从动。单线蜗杆旋转一周，蜗轮只转一个齿，因此蜗轮与蜗杆传动可得到较大的速度比。啮合的蜗轮与蜗杆，必须有相等的模数与螺旋角。

蜗杆的画法基本上与螺纹画法相似，而蜗轮的画法基本上与直齿圆柱齿轮的画法相似。在蜗轮为圆的视图中，只需画出分度圆和最外圆，不画齿顶圆和齿根圆。在蜗轮和蜗杆的啮合图中，蜗轮的分度圆与蜗杆的分度圆必须相切。在蜗杆的外形为圆视图中，蜗轮被蜗杆遮挡的部分不必画出。在剖视图中，蜗杆的齿顶用粗实线表示，蜗轮的齿顶用虚线画出或省略不画，如图 5-31 所示。

四、滚动轴承

滚动轴承也是标准件的一种，它在机械中可减少轴的转动摩擦，应用很广，其种类很多，但结构大体相同，其组成有：

1）外圈——装在机座孔中。

2）内圈——装在轴上。

3）滚动体——装在内外圈的滚道中。

4）隔离圈——又称保持架，用它保持滚动体的相互间隔。

滚动轴承的规定画法：由于滚动轴承是标准件，其结构形式、尺寸都已经标准化，由轴承厂专门生产，一般不画零件图，需用时根据要求确定轴承的型号选购即可。在装配图中，需较详细地表达滚动轴承的主要结构时，可采用简化画法绘制，也就是根据滚动轴承的内径、外径、宽度等几个主要尺寸，将其中一半近似画出其结构特征，另一半画出其外形轮廓，再用粗短线画上十字线，并在装配图的明细表中注上轴承的代号即可，其画法如图5-32所示。

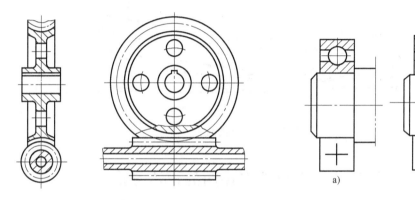

图5-31　蜗杆蜗轮啮合画法　　　　　　图5-32　滚动轴承的画法

五、弹簧

弹簧主要用减震、夹紧、储存能量和测力等，弹簧的种类很多，常用的螺旋弹簧按其用途可分压缩弹簧、拉伸弹簧和扭力弹簧等。

圆柱螺旋弹簧各部名称如下：

1）簧丝直径 d ——绕制弹簧所用的钢丝直径。

2）外径 D ——弹簧的最大直径。

3）内径 D_1 ——弹簧的最小直径。

4）中径 D_2 ——弹簧的平均直径。

5）节距 t ——中径线上相邻两工作圈的两对应点之间的距离。

6）圈数——弹簧的支承圈数 n_z、有效圈数 n 和总圈数 n_1。

7）自由长度 H_0 ——弹簧不受外力作用时的弹簧长度。

8）旋向——与螺纹的旋向意义一样，也分左旋和右旋。

弹簧的规定画法：

1）在平行于弹簧轴线的投影面上，常采用全剖视图，也可采用不剖的视图表示，弹簧各圈的轮廓线应画成直线，如图5-33a所示。在垂直于弹簧轴线的投影面上，拉伸弹簧和扭力弹簧要画出外径、内径及端部结构形状的投影，而压缩弹簧可省略不画。

2）螺旋弹簧无论是左旋还是右旋都可画成右旋，但左旋弹簧必须注明旋向，写"左"字。

3）螺旋压缩弹簧，如要求两端拼紧且磨平时，不论支承圈圈数的多少和末端贴紧情况如何，均按图 5-33b 的形式画出。

4）螺旋弹簧的有效圈在四圈以上时，其中间部分可以省略，只画两端的一、二圈。圆柱螺旋弹簧的中间被省略后，还允许适当缩短图形的长度。

弹簧的简化画法可参考图 5-33c。

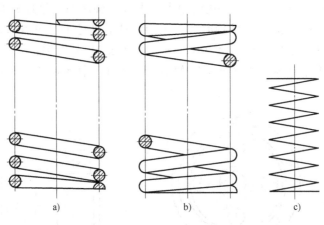

a)   b)   c)

图 5-33　弹簧的画法

第三节　常用件零件图的识读方法

从第一、二节已经讲了机械制图中的画法及表示方法，那么如何识读常用件的零件图呢？一般读图的步骤是：

（1）看标题栏　通过标题栏了解零件的名称、比例、数量和材料。

（2）分析视图　通过视图了解零件的结构特点和形状。

（3）分析形体　通过视图分析了解零件的形状。

（4）分析尺寸　通过视图分析零件各部分加工的位置及具体的尺寸大小。

（5）看技术要求　通过视图分析零件的加工精度要求及有关参数的要求。

如六角头螺栓的零件图如图 5-34 所示。读图时可依据上述步骤进行。从标题栏中看到该螺栓规格为 M10×50 的标准螺栓，材料为 Q235 普通碳素结构钢，比例为 1:1；通过视图

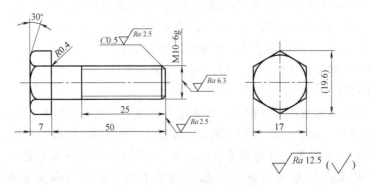

图 5-34　六角头螺栓零件图

分析，可知螺栓用两个基本视图，主视图中的螺栓轴线水平放置，清楚地反映了螺栓长度方向的结构特点，左视图反映了螺栓头部的结构形状。从形体分析可知螺栓左端是方头，右边是制有螺纹的圆柱。从尺寸上分析可知螺栓是径向尺寸的基准，六方头的右端面是长度方向的主要基准，图 5-34 中 M10-6g 是螺纹的标记，表示粗牙普通螺纹，公称直径为 10mm，单头，右旋。50 表示螺杆长度为 50nm。再看技术要求，又从图 5-34 中看出，除倒角和螺杆端面的表面粗糙度按 $Ra2.5\mu m$ 加工，螺纹工作表面的表面粗糙度按 $Ra6.3\mu m$ 加工外，其余表面粗糙度按 $Ra12.5\mu m$ 加工。切削加工后，要求作表面发黑处理。

复 习 题

1. 机械制图有哪六个基本视图？它是怎样形成的？
2. 试述六个视图中"三等"关系。
3. 为什么要用斜视图？
4. 什么叫旋转视图？
5. 试述机械制图中有哪些简化画法规定，并举例说明它在管道施工图上的应用。
6. 常用件指哪些？试述螺纹的规定画法。
7. 如何标注螺纹？
8. 齿轮、蜗轮与蜗杆、轴承、弹簧画法有何规定？
9. 如何识读常用件零件图？

第六章　建筑施工图

管道施工图与建筑施工图有着十分密切的关系，一套完整的建筑图，通常按工种分为建筑、结构、给排水、采暖通风和电气照明几个工种的图样，其编排顺序是总平面、建筑、结构、水、暖、电等。所以进行管道施工时，应掌握建筑总平面图和房屋建筑图的有关知识。

第一节　房屋的组成、图例和符号

一、房屋的组成

建筑物根据用途可大致分三类：①民用建筑，如住宅、医院、商店、旅馆、办公楼、学

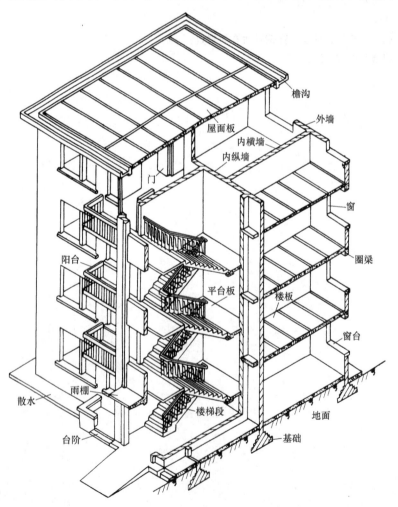

图 6-1　房屋的基本组成

校、展览馆等；②工业建筑，如机械厂、化工厂、纺织厂、钢铁厂等的厂房和辅助建筑物；③农业建筑，如畜牧场、农机站庄、碾米磨面房等。无论何类建筑，都有相同的基本组成，以某四层住宅为例，它的基本组成有基础、墙、梁、柱、地面、楼面、屋面、门窗、楼梯、台阶等，如图 6-1 所示。从图 6-1 中可以看出它们在建筑上的位置及它们相互之间的关系，管道工在进行室内管道施工中，应对建筑的组成有一个明确认识。

二、图例及符号

为了识读各类建筑施工图，应先懂得有关建筑图上的图例和符号所表示的意义。常用建筑材料的图例见表 6-1。

表 6-1　常见材料图例

序号	名　称	图　例	序号	名　称	图　例
1	自然土壤		10	混凝土	
2	夯实土壤		11	钢筋混凝土	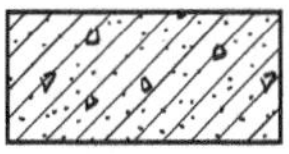
3	砂、灰土	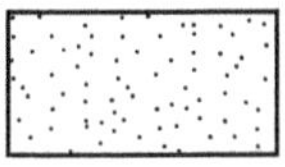	12	毛石混凝土	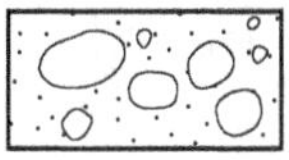
4	砂砾石、碎砖三合土	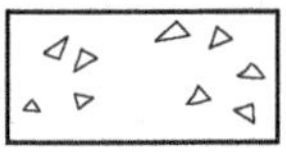	13	木材	
5	毛石	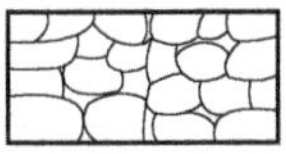	14	玻璃	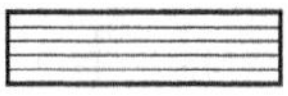
6	普通砖	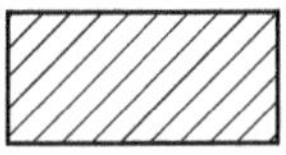	15	纤维材料	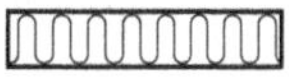
7	空心砖	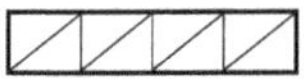	16	防火材料及防潮层	
8	饰面砖	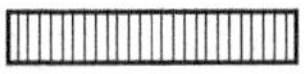	17	金属	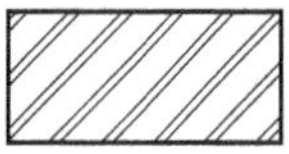
9	多孔材料	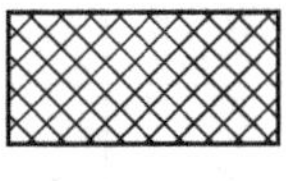	18	水	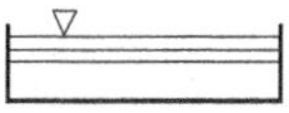

各种常用构造及配件的图例见表 6-2。

表 6-2　常用构造及配件图例

序号	名称	图例	备注	序号	名称	图例	备注
1	墙体	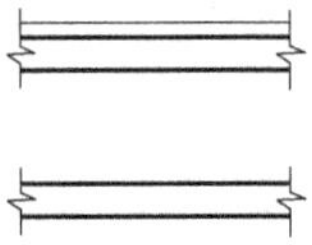	1. 上图为外墙,下图为内墙 2. 外墙细线表示有保温层或有幕墙 3. 应加注文字或涂色或图案填充表示各种材料的墙体 4. 在各层平面图中防火墙宜着重以特殊图案填充表示	6	坡道		上图为两侧垂直的门口坡道,中图为有挡墙的门口坡道,下图为两侧找坡的门口坡道
				7	台阶	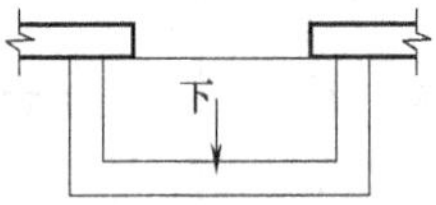	—
2	隔断		1. 加注文字或涂色或图案填充表示各种材料的轻质隔断 2. 适用于到顶与不到顶隔断	8	平面高差	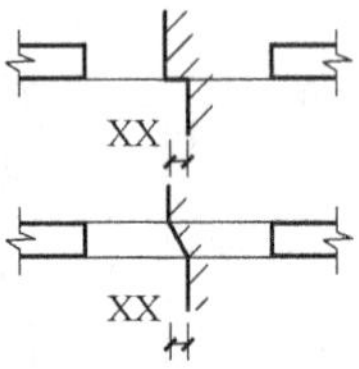 XX XX	用于高差小的地面或楼面交接处,并应与门的开启方向协调
				9	检查口		左图为可见检查口,右图为不可见检查口
3	玻璃幕墙		幕墙龙骨是否表示由项目设计决定	10	孔洞		阴影部分亦可填充灰度或涂色代替
4	栏杆		—	11	坑槽		
5	楼梯		1. 上图为顶层楼梯平面,中图为中间层楼梯平面,下图为底层楼梯平面 2. 需设置幕墙扶手或中间扶手时,应在图中表示	12	墙预留洞、槽	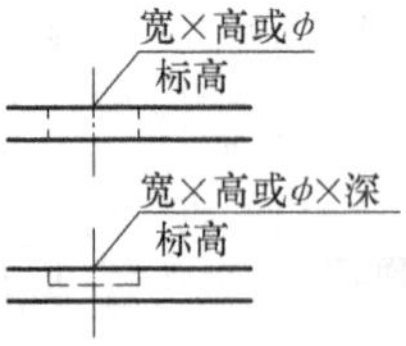 宽×高或φ 标高 宽×高或φ×深 标高	1. 上图为预留洞,下图为预留槽 2. 平面以洞(槽)中心定位 3. 标高以洞(槽)底或中心定位 4. 宜以涂色区别墙体和预留洞(槽)
6	坡道	下	长坡道	13	地沟	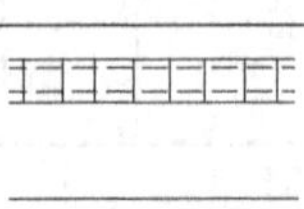	上图为有盖板地沟,下图为无盖板明沟

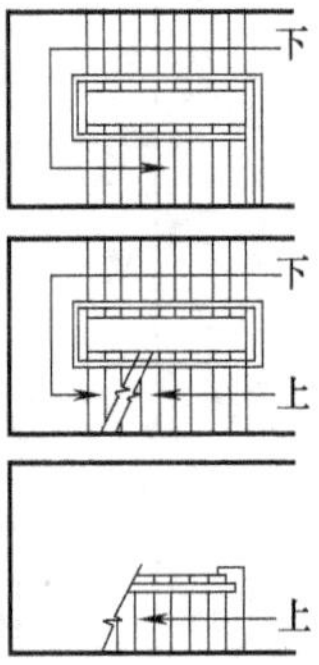

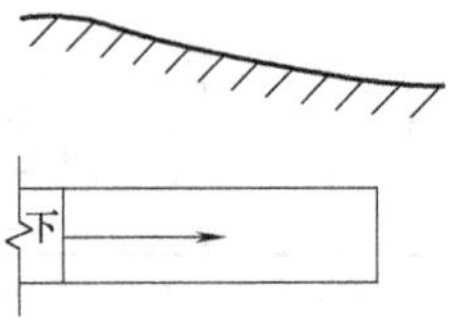

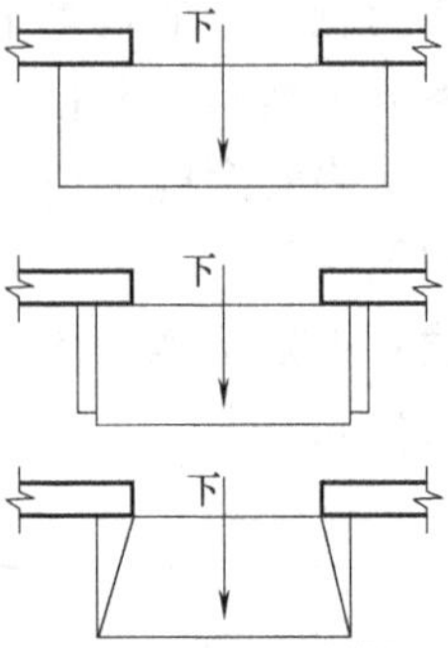

（续）

序号	名称	图例	备注	序号	名称	图例	备注
14	烟道	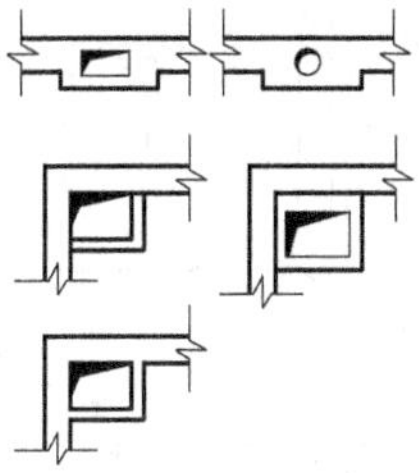	1. 阴影部分亦可填充灰度或涂色代替 2. 烟道、风道与墙体为相同材料，其相接处墙身线应连通 3. 烟道、风道根据需要增加不同材料的内衬	20	在原有墙或楼板洞旁扩大的洞	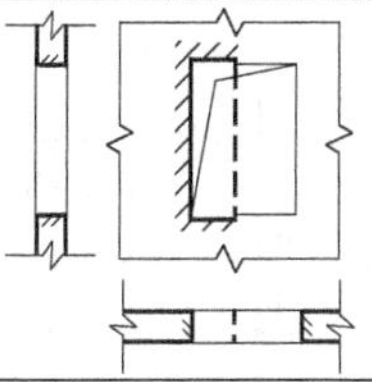	图示为洞口向左边扩大
15	风道			21	在原有墙或楼板上全部填塞的洞	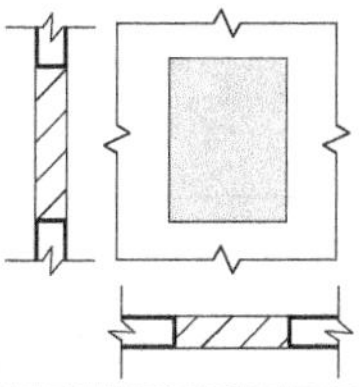	全部填塞的洞 图中立面填充灰度或涂色
16	新建的墙和窗		—	22	在原有墙或楼板上局部填塞的洞	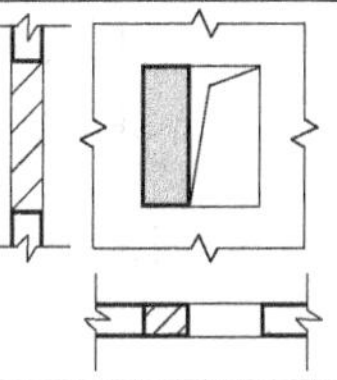	左侧为局部填塞的洞 图中立面填充灰度或涂色
17	改建时保留的墙和窗		只更换窗，应加粗窗的轮廓线	23	空门洞	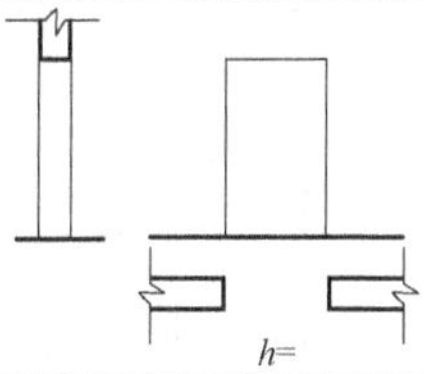 $h=$	h 为门洞高度
18	拆除的墙		—	24	单面开启单扇门（包括平开或单面弹簧） 双面开启单扇门（包括双面平开或双面弹簧） 双层单扇平开门	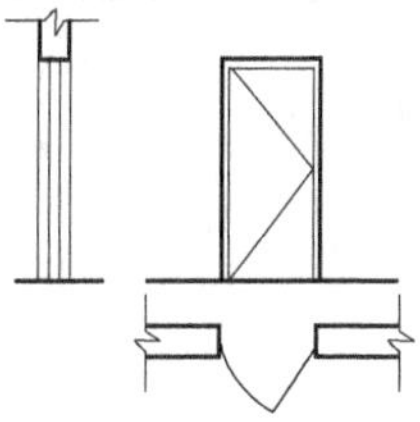	1. 门的名称代号用 M 表示 2. 平面图中，下为外，上为内 门开启线为 90°、60° 或 45°，开启弧线宜绘出 3. 立面图中，开启线实线为外开，虚线为内开。开启线交角的一侧为安装合页一侧。开启线在建筑立面图中可不表示，在立面大样图中可根据需要绘出 4. 剖面图中，左为外，右为内 5. 附加纱扇应以文字说明，在平、立、剖面图中均不表示 6. 立面形式应按实际情况绘制
19	改建时在原有墙或楼板新开的洞		—				

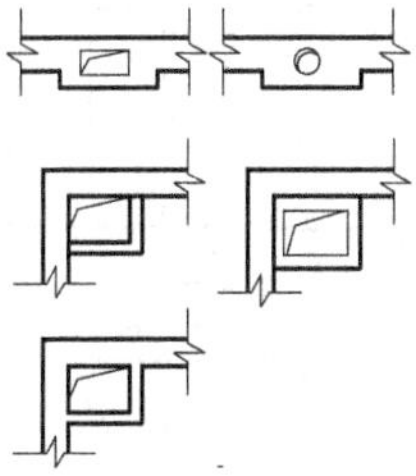

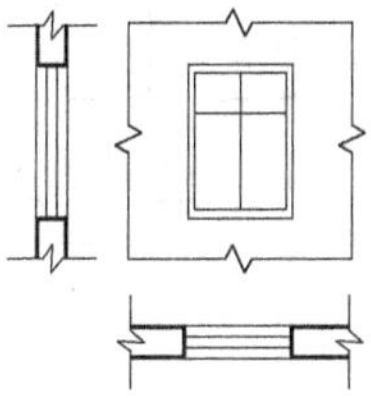

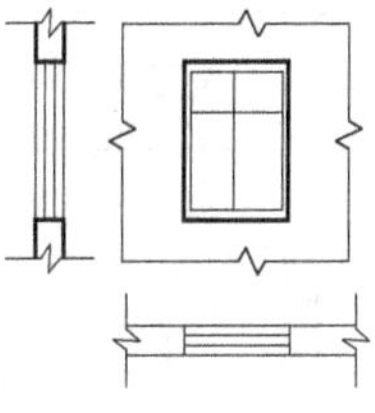

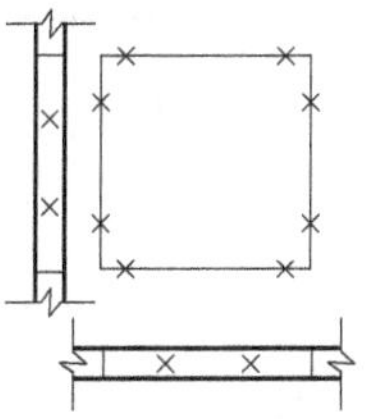

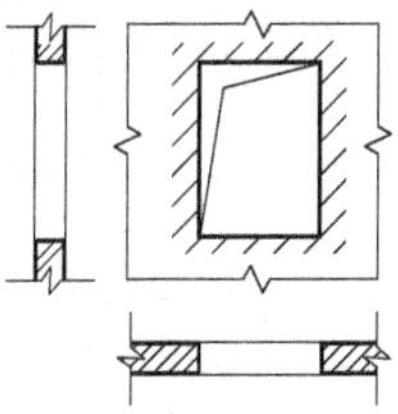

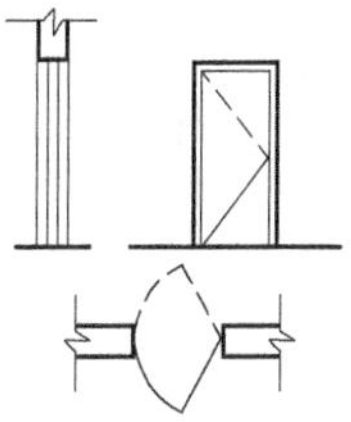

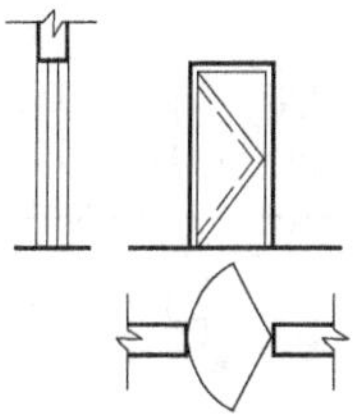

（续）

序号	名称	图　例	备　注	序号	名称	图　例	备　注
25	单面开启单扇门（包括平开或单面弹簧）		1. 门的名称代号用 M 表示 2. 平面图中，下为外，上为内门开启线为 90°、60°或 45°，开启弧线宜绘出 3. 立面图中，开启线实线为外开，虚线为内开。开启线交角的一侧为安装合页一侧。开启线在建筑立面图中可不表示，在立面大样图中可根据需要绘出 4. 剖面图中，左为外，右为内 5. 附加纱扇应以文字说明，在平、立、部面图中均不表示 6. 立面形式应按实际情况绘制	27	墙洞外单扇推拉门		1. 门的名称代号用 M 表示 2. 平面图中，下为外，上为内 3. 剖面图中，左为外，右为内 4. 立面形式应按实际情况绘制
	双面开启双扇门（包括双面平开或双面弹簧）				墙洞外双扇推拉门		
	双层双扇平开门				墙中单扇推拉门		1. 门的名称代号用 M 表示 2. 立面形式应按实际情况绘制
					墙中双扇推拉门		
26	折叠门		1. 门的名称代号用 M 表示 2. 平面图中，下为外，上为内 3. 立面图中，开启线实线为外开，虚线为内开。开启线交角的一侧为安装合页一侧 4. 剖面图中，左为外，右为内 5. 立面形式应按实际情况绘制	28	推杠门		1. 门的名称代号用 M 表示 2. 平面图中，下为外，上为内门开启线为 90°、60°或 45° 3. 立面图中，开启线实线为外开，虚线为内开。开启线交角的一侧为安装合页一侧。开启线在建筑立面图中可不表示，在室内设计门窗立面大样图中需绘出 4. 剖面图中，左为外，右为内 5. 立面形式应按实际情况绘制
	推拉折叠门			29	门连窗		

序号	名称	图 例	备 注	序号	名称	图 例	备 注
30	旋转门	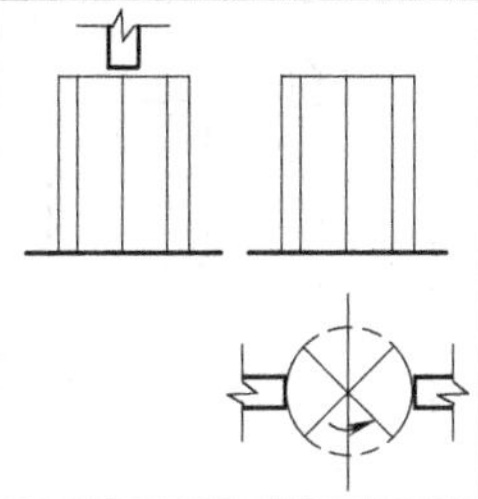	1. 门的名称代号用 M 表示 2. 立面形式应按实际情况绘制	35	人防单扇防护密闭门		1. 门的名称代号按人防要求表示 2. 立面形式应按实际情况绘制
	两翼智能旋转门				人防单扇密闭门	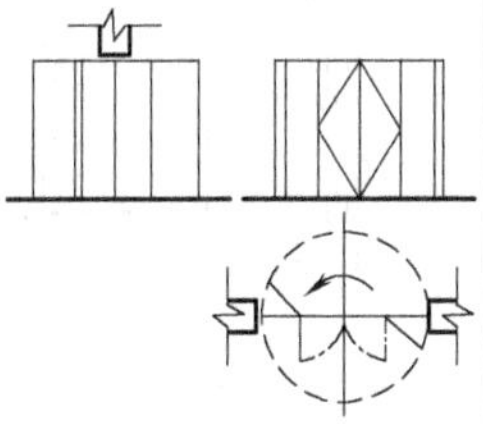	
31	自动门	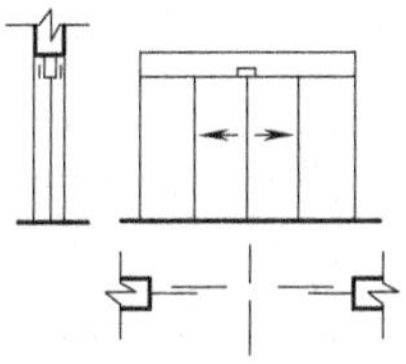	1. 门的名称代号用 M 表示 2. 立面形式应按实际情况绘制	36	人防双扇防护密闭门		1. 门的名称代号按人防要求表示 2. 立面形式应按实际情况绘制
32	折叠上翻门	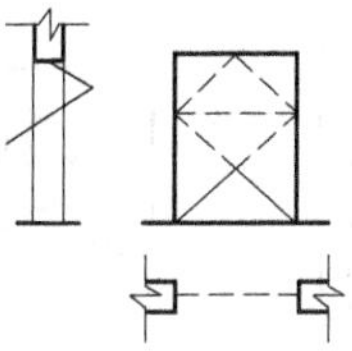	1. 门的名称代号用 M 表示 2. 平面图中，下为外，上为内 3. 剖面图中，左为外，右为内 4. 立面形式应按实际情况绘制		人防双扇密闭门		
33	提升门		1. 门的名称代号用 M 表示 2. 立面形式应按实际情况绘制	37	横向卷帘门		—
34	分节提升门				竖向卷帘门		
					单侧双层卷帘门	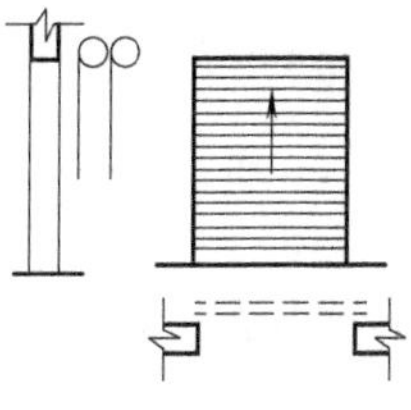	

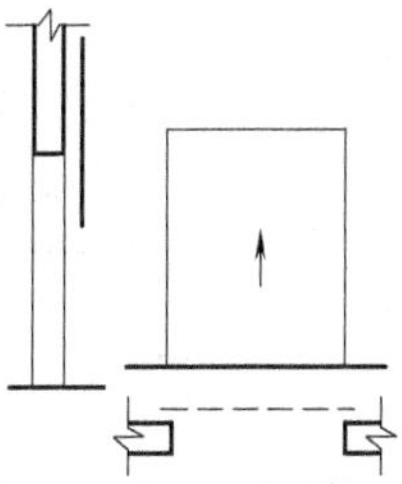

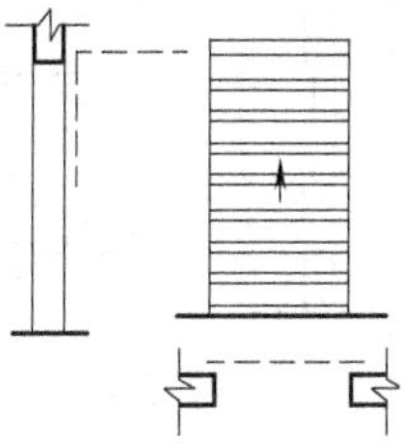

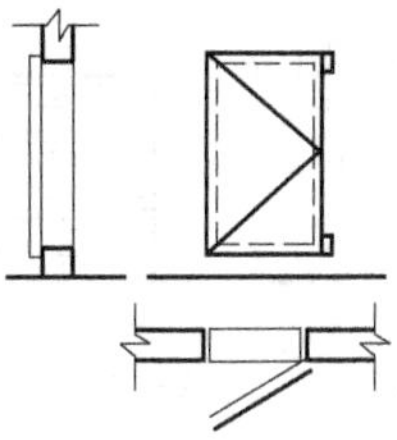

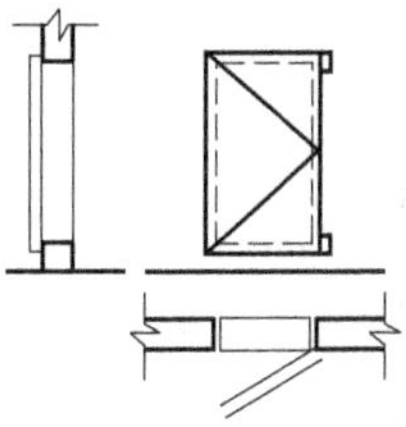

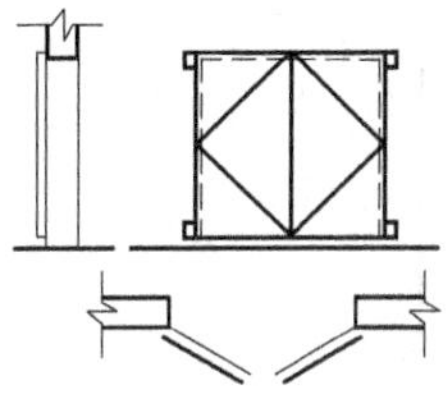

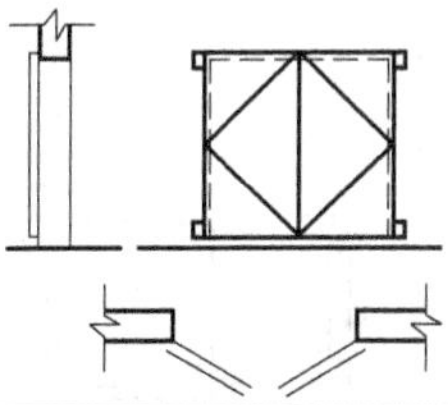

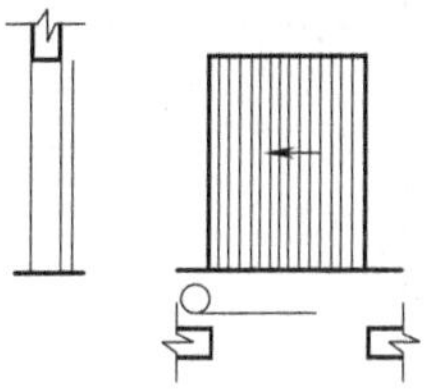

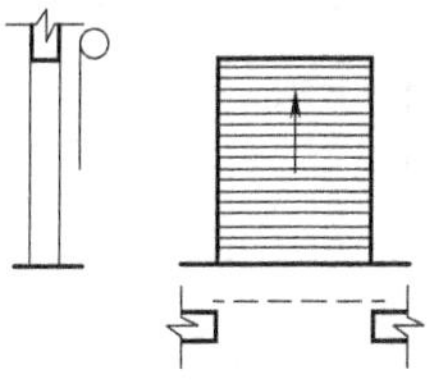

（续）

序号	名称	图例	备注	序号	名称	图例	备注
37	双侧单层卷帘门		—	39	上悬窗	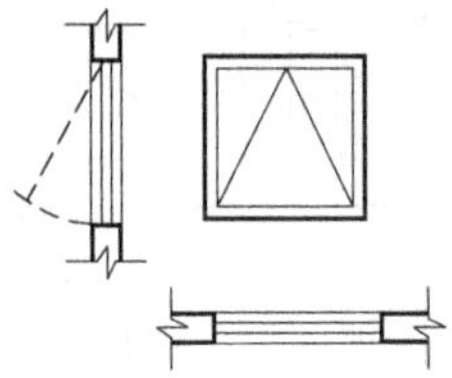	1. 窗的名称代号用 C 表示 2. 平面图中，下为外，上为内 3. 立面图中，开启线实线为外开，虚线为内开。开启线交角的一侧为安装合页一侧。开启线在建筑立面图中可不表示，在门窗立面大样图中需绘出 4. 剖面图中，左为外、右为内。虚线仅表示开启方向，项目设计不表示 5. 附加纱窗应以文字说明，在平、立、剖面图中均不表示 6. 立面形式应按实际情况绘制
					中悬窗	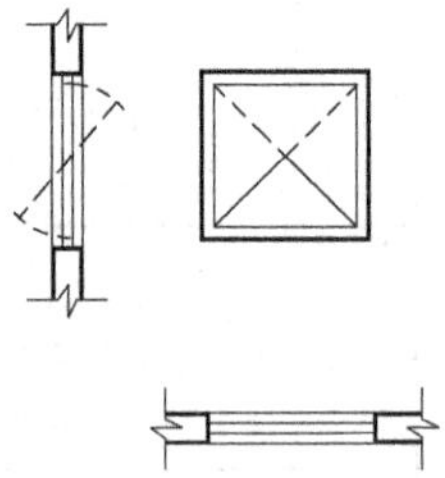	
38	固定窗		1. 窗的名称代号用 C 表示 2. 平面图中，下为外，上为内 3. 立面图中，开启线实线为外开，虚线为内开。开启线交角的一侧为安装合页一侧。开启线在建筑立面图中可不表示，在门窗立面大样图中需绘出 4. 剖面图中，左为外、右为内。虚线仅表示开启方向，项目设计不表示 5. 附加纱窗应以文字说明，在平、立、剖面图中均不表示 6. 立面形式应按实际情况绘制	40	下悬窗	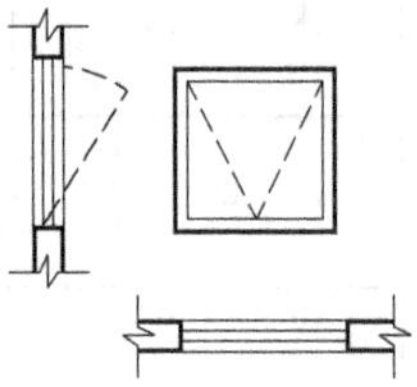	
				41	立转窗	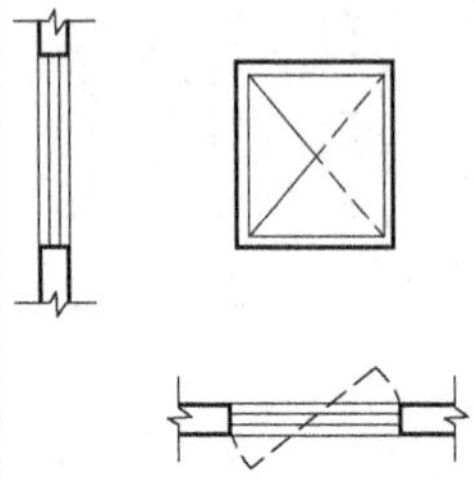	1. 窗的名称代号用 C 表示 2. 平面图中，下为外，上为内 3. 立面图中，开启线实线为外开，虚线为内开。开启线交角的一侧为安装合页一侧。开启线在建筑立面图中可不表示，在门窗立面大样图中需绘出 4. 剖面图中，左为外、右为内。虚线仅表示开启方向，项目设计不表示 5. 附加纱窗应以文字说明，在平、立、剖面图中均不表示 6. 立面形式应按实际情况绘制
				42	内开平开内倾窗	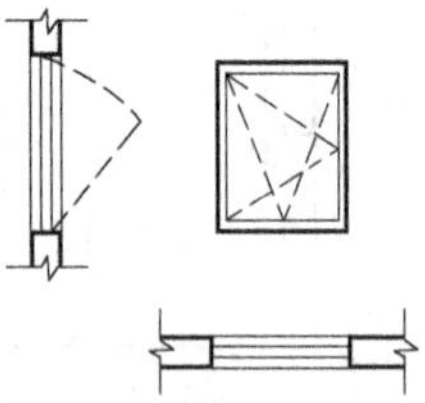	
				43	单层外开平开窗	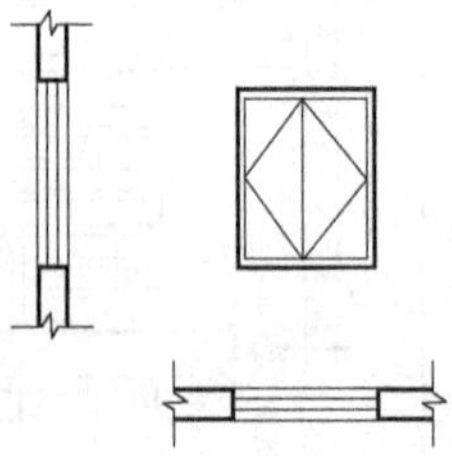	

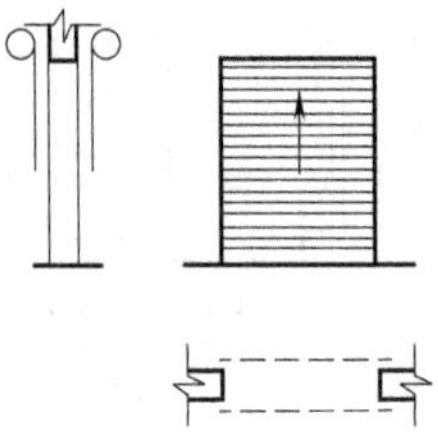

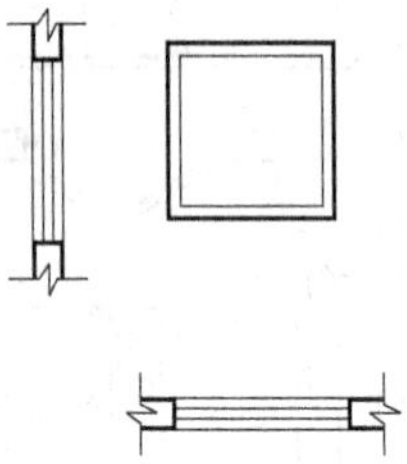

序号	名称	图 例	备 注	序号	名称	图 例	备 注
43	单层内开平开窗	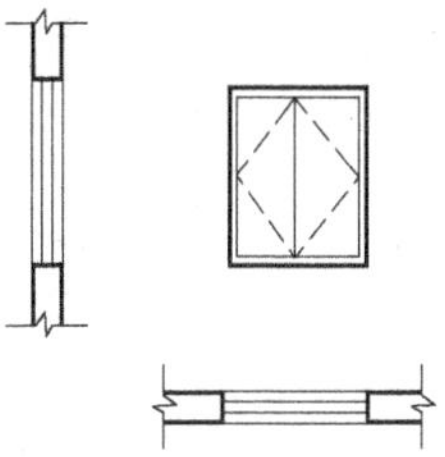	1. 窗的名称代号用C表示 2. 平面图中，下为外，上为内 3. 立面图中，开启线实线为外开，虚线为内开。开启线交角的一侧为安装合页一侧。开启线在建筑立面图中可不表示，在门窗立面大样图中需绘出 4. 剖面图中，左为外、右为内。虚线仅表示开启方向，项目设计不表示 5. 附加纱窗应以文字说明，在平、立、剖面图中均不表示 6. 立面形式应按实际情况绘制	45	上推窗		1. 窗的名称代号用C表示 2. 立面形式应按实际情况绘制
	双层内外开平开窗			46	百叶窗		1. 窗的名称代号用C表示 2. 立面形式应按实际情况绘制
44	单层推拉窗		1. 窗的名称代号用C表示 2. 立面形式应按实际情况绘制	47	高窗	$h=$	1. 窗的名称代号用C表示 2. 立面图上，开启线实线为外开，虚线为内开。开启线交角的一侧为安装合页一侧。开启线在建筑立面图中可不表示，在门窗立面大样图中需绘出 3. 剖面图中，左为外、右为内 4. 立面形式应按实际情况绘制 5. h表示高窗底距本层地面高度 6. 高窗开启方式参考其他窗型
	双层推拉窗		1. 窗的名称代号用C表示 2. 立面形式应按实际情况绘制	48	平推窗	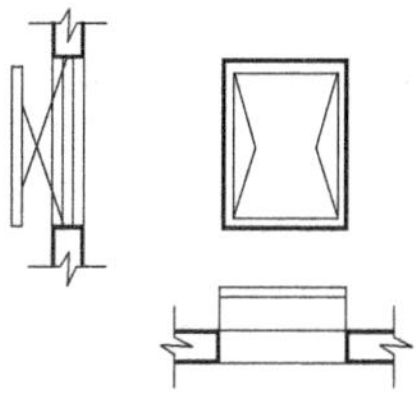	1. 窗的名称代号用C表示 2. 立面形式应按实际情况绘制

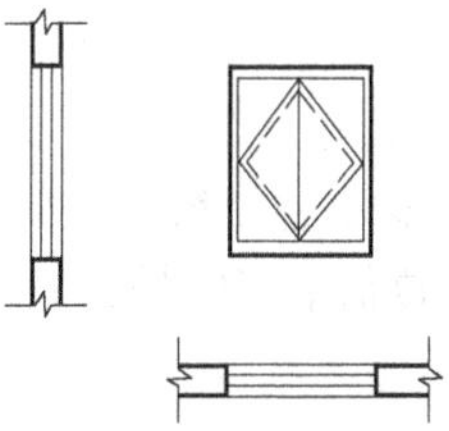

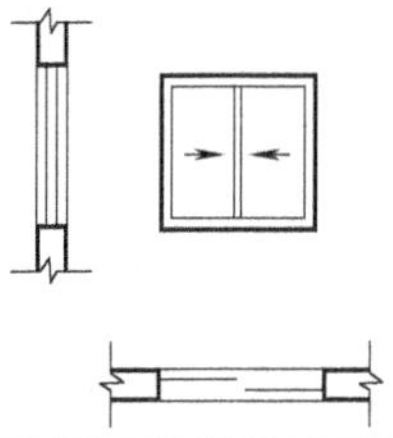

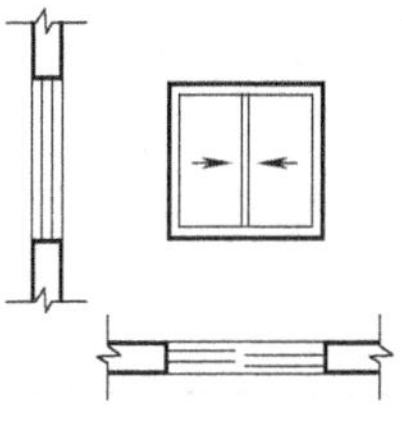

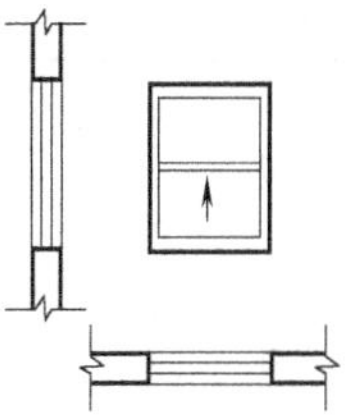

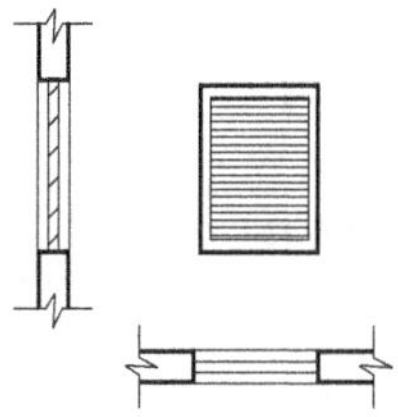

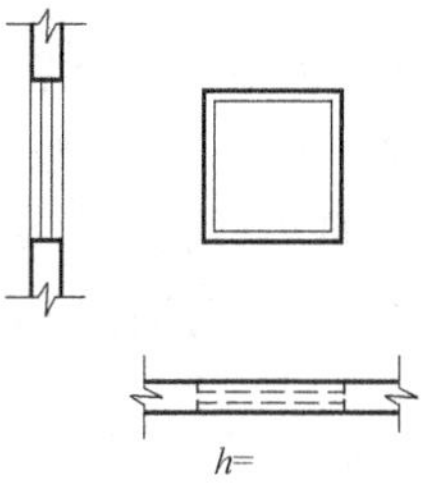

对建筑总平面图的识读，应掌握表 6-3 中的图例。

表 6-3　建筑总平面图图例

序号	名　称	图　例	序号	名　称	图　例
1	新建建筑物		7	围墙	
2	原有建筑物		8	河流	
3	计划扩建的预留地或建筑物		9	等高线	
4	拆除的建筑物		10	边坡	
5	道路	15.000	11	风向频率玫瑰图	
6	公路桥				

注：1. 道路标高为中心路面的标高。

　　2. 围墙一栏中，其左图表示砖石混凝土围墙，右图为铁丝网篱巴围墙。

门窗、构件、钢筋类别采用汉语拼音字母代号和符号表示。

1）门的代号为 M，不同型号的门可以在 M 的右下角用阿拉伯数字编号，如 M_1、M_2、…。

2）窗的代号为 C，不同型号的窗可以在 C 的右下角用阿拉伯数字编号，如 C_1、C_2、…。

3）常用建筑构件代号见表 6-4。

4）各类常用钢筋的符号见表 6-5。

表 6-4　常用构件代号

序号	名　称	代号	序号	名　称	代号
1	板	B	21	檩条	LT
2	屋面板	WB	22	屋架	WJ
3	空心板	KB	23	托架	TJ
4	槽形板	CB	24	天窗架	CJ
5	折板	ZB	25	钢架	GJ
6	密肋板	MB	26	框架	KJ
7	楼梯板	TB	27	支架	ZJ
8	盖板或沟盖板	GB	28	柱	Z
9	檐口板	YB	29	基础	J
10	吊车安全道板	DB	30	设备基础	SJ
11	墙板	QB	31	桩	ZH
12	天沟板	TGB	32	柱间支撑	ZC
13	梁	L	33	垂直支撑	CC
14	屋面梁	WL	34	水平支撑	SC
15	吊车梁	DL	35	梯	T
16	圈梁	QL	36	雨篷	YP
17	过梁	GL	37	阳台	YT
18	连系梁	LL	38	梁垫	LD
19	基础梁	JL	39	预埋件	M
20	楼梯梁				

表6-5 钢筋符号

序号	名　　称	符号	序号	名　　称	符号
1	3 钢(光圆)	Φ	3	25 锰硅钢(螺纹)	Ⓥ
2	16 锰钢(螺纹)	Ⓐ	4	5 钢(螺纹)	Ⓤ

第二节　建筑施工图基本表示法

从图 6-1 中可见，房屋的组成是复杂的，设计人员为了完整而清楚地表示所新建建（构）筑物的外形及内部、细部的形状、尺寸及所用材料、构件配件，便于施工和制作，仍需采用正投影的方法来进行建（构）筑物的设计和制图。其方法是，如果向垂直于房屋外表面的方向进行投射，可以得到它的外表面的各立面图；如果采用剖面投影的方法，把房屋水平剖切并进行投射，可以得到房屋的各层剖面图；如果采用垂直剖切并对其进行投射可以得到房屋内部的立面剖面图，若用以上图形仍反映不清各细部的构件、配件等基本组合的形状和大小，辅之以详图表示，这就是建筑施工图的基本表示方法，下面举例说明各图样的基本画法。

一、立面图

以某建筑为例，如图 6-2 所示，分别向建筑的立面投射，而分别得到该建筑的东立面图、南立面图、西立面图、北立面图（该图仅画出了东、南立面图）。

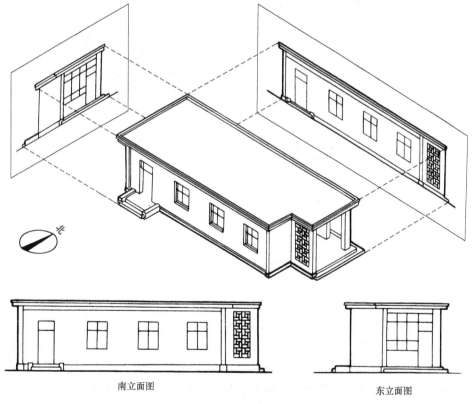

南立面图　　　　　　　　　东立面图

图 6-2　立面图表示

立面图主要表明建筑物的外部形状、长、宽、高尺寸、屋顶的形式、门窗洞口的位置，外墙饰面材料与做法等。

二、平面图

房屋建筑平面图就是一栋房屋的水平剖面图，假想用一水平面沿该房屋的窗台以上部分切掉，再对切面以下部分进行水平投影，则得该建筑的平面图，如图 6-3 所示。

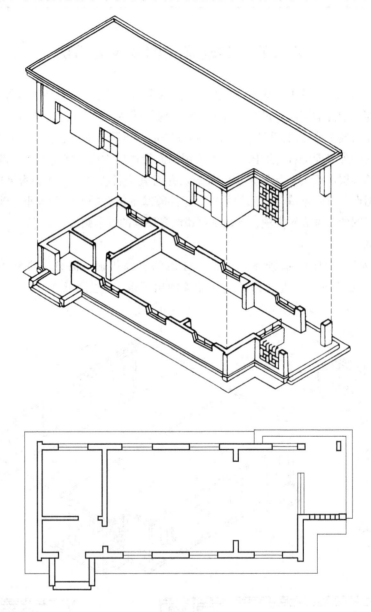

图 6-3　平面图表示

一栋多层建筑若各层布置各相同，则每层应按上述方法分别画出平面图。如果其中有几个楼层的平面布置相同，可以只用一个标准层平面图表示。

平面图主要表示房屋占地的大小，内部的分隔，房间的大小、台阶、楼梯、门窗等局部的位置和大小，墙的厚度。

根据施工的需要，应有总平面图、基础平面图、楼板平面图、屋顶平面图、吊顶或天棚仰视图等。

三、剖面图

仍以该栋建筑为例，用一假想平面把建筑物沿垂直方向切开，再对切面后的部分进行投影则得立向剖面图，如图 6-4 所示的 1—1 剖面图、2—2 剖面图。

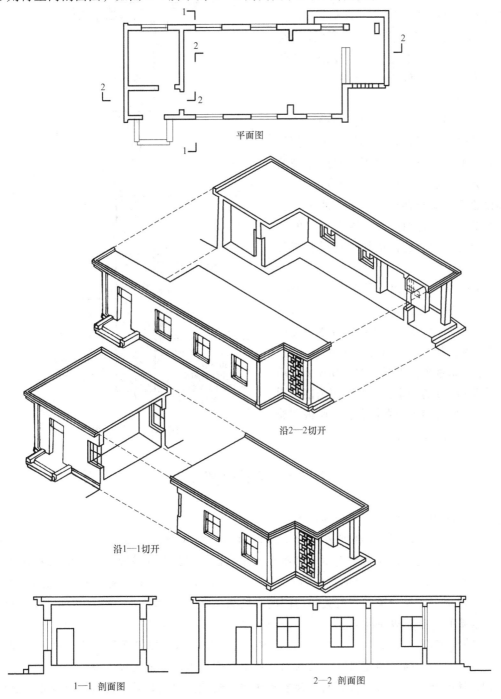

平面图

沿2—2切开

沿1—1切开

1—1 剖面图

2—2 剖面图

图 6-4　剖面图表示

剖面图主要表示建筑物内部在高度方面的情况，如屋顶的坡度、楼房的分层、房屋的门窗和房间各部分的高度、楼板的厚度等，同时也可以表示出建筑物所采用的结构形式。

剖面位置多选择在建筑内部有代表性和空间变化比较复杂的部位。如图 6-4 所示的 1—1 剖面是选在房屋的第二开间的窗户部位。多层建筑一般选在楼梯间，复杂的建筑物需要画出几个不同位置的剖面图。

四、详图

由于平面图、立面图、剖面图的比例较小，许多细部表达不清楚，必须用大比例尺绘制以表示清楚。详图也是用正投影原理绘制，表示方法根据详图特点有所不同。

如该建筑的墙身详图如图 6-5 所示。从图见，墙的厚度，饰面材料，墙上窗户的安装情况，墙与屋面、檐沟的配置情况及有关尺寸。

从以上介绍可以看出，平面图、立面图、剖面图、详图相互之间既有区别，又紧密联系。平面图可以说明建筑物各部分在水平方向的尺寸和位置，却无法表明它们的高度；立面图只能表明建筑物外形的长、宽、高尺寸，但不能表明建筑内部的关系，而剖面图则能说明建筑物内部高度方向的布置情况，详图说明建筑物内部、外部的细部情况。

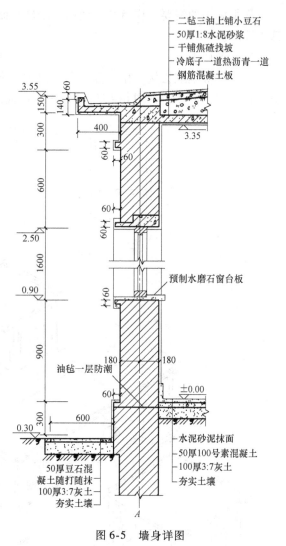

图 6-5　墙身详图

第三节　建筑平面图识读

建筑平面图识读，可从以下步骤入手：

1）查明标题，分清平面图所表示的建筑物的层数及其位置。单层建筑只有一层平面图，高层、多层建筑有好几张平面图，这要根据建筑物各层的布置情况及位置情况来决定。

2）了解建筑物的形状、内部房间的布置、入口、走道、楼梯的位置以及相互之间的联系。其中要特别了解与管道工程有关的房间所在建筑内的方向和位置，这些房间有卫生间、水池水箱水泵间、空调设备间等。

3）查清建筑的各部尺寸，如建筑的总长度、总宽度，总的建筑面积；建筑内部房间的净长、净宽、地面标高、墙壁厚度、门窗洞、预留洞槽、地沟、固定设备以及与管道工程有关的设备、管道安装孔、通风管穿墙、穿楼板孔洞、暗装消火栓在墙上的洞槽尺寸等。这些尺寸多在平面图上有标注，如图 6-6 所示。

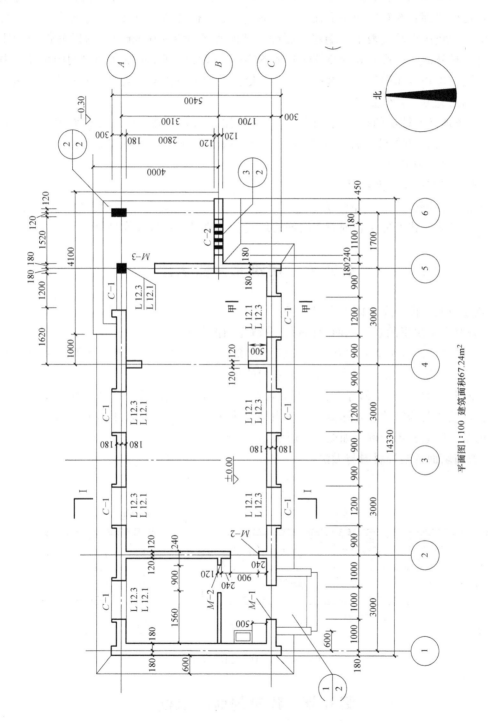

平面图1:100 建筑面积67.24m²

图6-6 平面图尺寸标注

图 6-6 中水平方向由左至右用阿拉伯数字依次编的号和在垂直方向由下往上用汉语拼音字母编的号称为轴线号，它是定位、放线的重要依据，凡承重墙、柱子、大梁或屋架等主要承重构件的位置都画有轴线并编上轴线号，轴线号之间标有轴线间尺寸、墙厚尺寸、门窗洞口尺寸等。轴线用点画线表示，端部画圆圈，圆圈直径为 8～10mm。平面图外部一般注有三排尺寸，最外面一排尺寸表示建筑物外形轮廓的总尺寸，即最外层边墙之间的尺寸，中间一排尺寸是定位轴线间的尺寸，这排尺寸是开挖基槽的定位依据，最里面的一排尺寸是外墙上门和窗洞的宽度及其位置尺寸。

4）查清地面及楼层的标高，平面图上一般均注有相对标高，以底层地面定为 ±0.000，标高数字一律以 m 为单位，标至小数点后三位，低于室内地坪标高在数字前加"－"号，上图地面标高为 ±0.000。

5）查明门窗的位置及编号。

除上述外，还要查清室外台阶、花池、散水、雨水管、地沟、明沟、地下建（构）筑物的位置和尺寸。特别要注意剖面图的剖切位置及其他建筑符号和代号等。

第四节　建筑立面图识读

建筑立面图识读，应按以下步骤进行：

1）查明表示房屋的各个立面的标题，分清立面图的方向。

2）查看房屋的各个立面的外貌、门窗、台阶、阳台、雨蓬、花池、勒脚、屋面、室外楼梯、雨水管、屋顶水箱的形状、位置及它们的相互关系。

3）查明房屋的各部位的标高，建筑立面图上通常注有室内外、雨蓬底面、窗台、窗口上沿、檐口或女儿墙等的相对标高，以室内地面为 ±0.000，其他以此标出各标高尺寸，以上所述的东、南立面图为例，如图 6-7 所示。

4）查明墙面的装饰材料与做法。

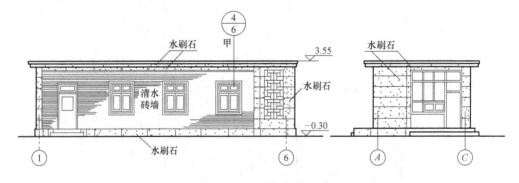

图 6-7　东、南立面图尺寸

第五节　建筑剖面图识读

建筑剖面图表明房屋内立面情况，可按以下步骤和方法进行：

1）首先弄清楚剖面图是从哪里剖切并向哪个方向投射得到的。通过剖面图下面注有的图名到平面图上找到相应的剖切符号，结合各层平面图反复对照查看。

2）查明房屋主要构件的结构型式、位置以及相互之间的关系，如屋面、楼板、梁、楼梯的结构形式，所用材料，以及与墙柱之间的联系等。

3）查明各部的尺寸和标高，如室外地坪标高，各楼层标高，室内净空尺寸，建筑物总高度等，1—1 剖面图如图 6-8 所示。从图中可以看室内外地面标高、窗标高、屋面标高等详细尺寸。

4）了解室外明沟、散水、踏步、屋面坡度等情况。

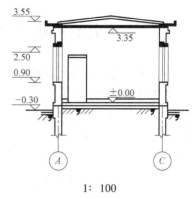

图 6-8　1—1　剖面图

第六节　建筑施工详图识读

建筑施工详图的识读，应按以下步骤：

1）查明详图在平面图、立面图上的位置。详图与平面图、立面图的关系可以通过详图索引标志。详图索引标志有：①表示详图在本张图样位置上，如图 6-9a 所示；②表示详图在另外图样上，如图 6-9b 所示；③表示详图采用标准图，如图 6-9c 所示。图中圆圈直径一般为 6～10mm。

为了表明施工图上某一局部剖面另有详图时，应采用局部剖面详图索引标志，如图 6-10 所示。其中图 6-10a 表示 5 号剖面详图在本张图样内，剖面的剖视方向向左；图

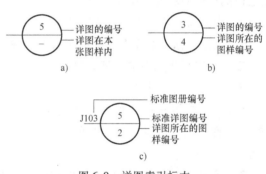

图 6-9　详图索引标志

6-10b 表示 4 号剖面详图在 3 号图样上，剖面的剖视方向向左；图 6-10c 表示 3 号剖面详图在本张图样内，剖面的剖视方向向上；图 6-10d 表示 2 号削面详图在 4 号图样上，剖面的剖视方向向下。

详图的标志用双线圈表示，外细内粗，内圈直径一般为 14mm，外圈直径为 16mm，详图比例写在详图标志右下角，如图 6-11 所示。图 6-11a 表示 5 号详图在被索引的图样内，详图的比例为 1:20；图 6-11b 表示 5 号详图在 2 号图样上。

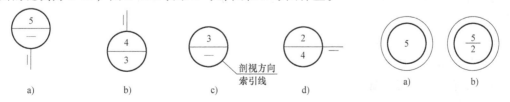

图 6-10　局部详图索引标志　　　　　　　　图 6-11　详图标志

举例如下：该建筑南立面（图 6-7）上索引标志是 ④/⑥ 表示檐口构造详图的编号是第 4 号，在施工图的第 6 号图样上，如图 6-5 所示的屋面构造图。

2）查明详图的具体形状、尺寸及材料等。

第七节 建筑总平面图的用途、基本内容及识读

一、建筑总平面图的用途

建筑总平面图表明一个工程的总体布局，具体表示有新建房屋与原有的房屋、构筑物、道路、河流、湖泊的位置关系，同时也表明该地区的地形和地貌等，用以作为新建房屋、构筑物的定位、施工放线、土方施工以及进行施工总平面图布置的依据，它也是室外管道工程施工的依据。

二、建筑总平面图的基本内容

建筑总平面图包括如下内容：

1）表明新建区的总体布局，如用地范围、各建（构）筑物的位置、道路、管网布置等。

2）确定新建建（构）筑物的平面位置。

3）表明新建建（构）筑物首层的绝对标高，室外地坪、道路的绝对标高；表明土方的填挖情况；地面坡度及雨水排除方向。

4）表明新建建（构）筑物的朝向。

5）根据不同专业需要，有时可表明管线总体布置及绿化布局等。

三、建筑总平面图的识读举例

某化肥工厂总平面图如图6-12所示。其识读方法是：

1）根据图例来查清哪些是新建建（构）筑物，哪些是原有建筑物。图中新建的建（构）筑物有机修车间、合成车间、碳化车间、锅炉房、水泵房、变电所、净水池、煤堆场等。

2）了解工程性质，建设地段的地形地貌及四周环境。图6-12中该地为新建的化肥厂，南面有河流，东南面有边坡，从北至南地形趋低。

3）查明新建的建（构）筑物地面标高。图6-12中各建筑物地面标高均为绝对标高。机修、合成、碳化、水泵房、锅炉房、变电所、堆煤场的绝对标高为101.50m、99.80m、97.90m、97.80m、96.00m、95.63m、104.30m、95.62m。

4）根据指北针查明各建筑物的朝向（略）。

建筑施工图样可能是几张、几十张，甚至几百张。因此，为了顺利地识读图样，要遵循下述顺序：

1）先看图样目录，后看图样。

2）先建施，后结施。

3）先平、立、剖面图，后详图。

4）先图样，后文字。

5）先整体，后局部。

看图时要注意从粗到细，从大到小。先粗看一遍，了解工程的概貌，然后再细看。细看时应先看总说明和基本图样，然后再深入看构件图和详图。

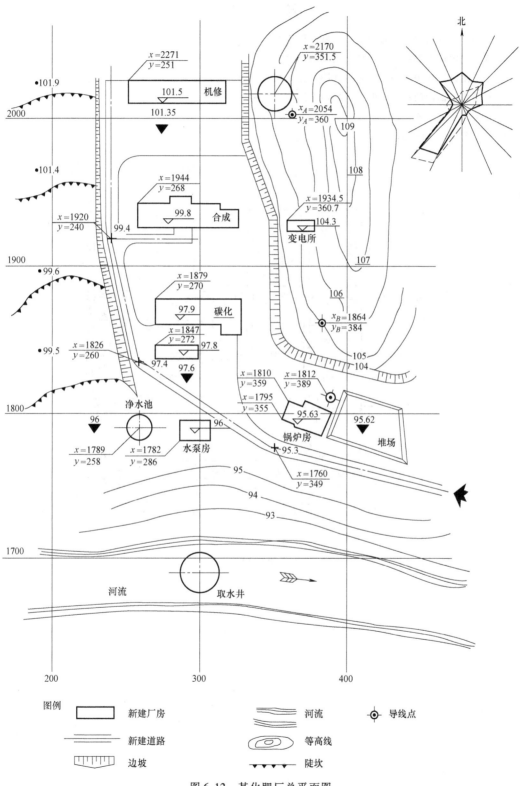

图 6-12 某化肥厂总平面图

复 习 题

1. 管道施工图与建筑图有何关系？试举例说明。

2. 房屋的组成有哪些？常用哪些图例和符号？

3. 建筑图是如何表示的？试对平面图、立面图、剖面图分别说明。

4. 建筑总平面图的用途有哪些？如何识读总平面图？

5. 如何识读建筑图？

6. 试对图 6-13 进行识读。

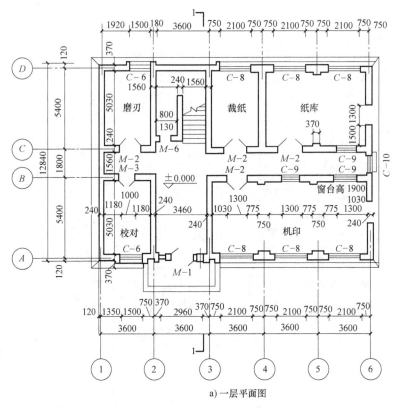

a) 一层平面图

图 6-13

第七章　给水排水工程施工图

给水排水工程施工图是管道工常见的管道施工图，识读此种施工图，应掌握一定的专业知识和本专业施工图样的特点，本章介绍这方面的基本知识和识读方法。

第一节　给水排水施工图图样的种类及卫生器具的表示法

一、图样种类

1. 按水质分

（1）给水工程施工图　指供生活、生产、消防用水的管道施工图。

（2）排水工程施工图　指排除生活污水、生产污（废）水、雨水的管道施工图。

（3）其他用水管道施工图　指冷却用水、循环用水、输配中水（介于清洁水与污、废水之间的水）的管道施工图。

2. 按区域范围分

1）建筑内（室内）的给水工程施工图、排水工程施工图。

2）建筑外（室外）的给水工程施工图、排水工程施工图。

3. 按图样性质及作用分

（1）基本图　图样目录、说明、设备及材料用表、流程图、平面图、立面图、剖面图、轴测图。

（2）详图　节点详图、大样图和标准图。

二、卫生设备的种类及表示方法

1. 卫生设备种类

（1）便溺用卫生器具　有大便器、小便器、大便槽、小便槽。

（2）盥洗淋浴用卫生器具　有洗脸盆、盥洗槽、淋浴器、浴盆和妇女卫生盆等。

（3）洗涤用卫生器具　有洗涤池、污水池、化验盆等。

（4）其他专用卫生器具　有饮水器、存水弯和地漏等。

2. 卫生设备表示法

卫生器具在施工图上表示，仅以专用图例表示，见表7-1。

卫生设备的安装借助于卫生器具安装标准图施工，所以管道工应熟悉标准图中的安装要求和尺寸。

为了熟悉卫生设备的标准图，现择几种常用的图样：

1）坐式大便器安装标准图，如图7-1所示。

2）蹲式大便器安装标准图，如图7-2所示。

3）大便槽安装标准图，如图7-3所示。

4）挂式小便器安装标准图，如图7-4所示。

5）立式小便器安装标准图，如图7-5所示。

表 7-1　卫生设备图例

名　称	图　例	名　称	图　例	名　称	图　例
台式脸盆		浴盆		自动冲洗水箱	
污水池		坐式大便器		妇女卫生盆	
洗涤盆		蹲式大便器		淋浴器	
盥洗槽		挂式小便器		带滤水板洗涤盆	
角型洗手盆		立式小便器		软管淋浴器	

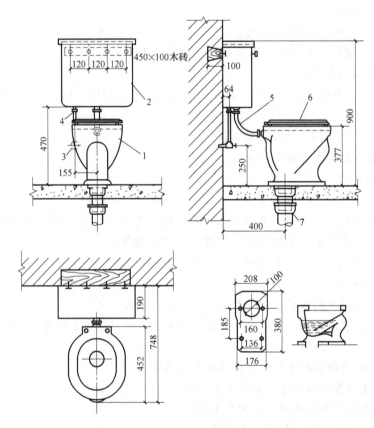

图 7-1　坐式大便器安装

1—坐式大便器　2—低水箱　3—DN15mm 角阀　4—DN15mm 给水管

5—DN50mm 冲水管　6—木盖　7—DN100mm 排水管

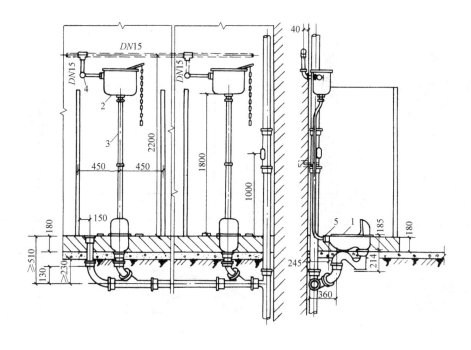

图 7-2　蹲式大便器安装

1—蹲式大便器　2—高水箱　3—DN32mm 冲水管　4—DN15mm 角阀　5—橡胶碗

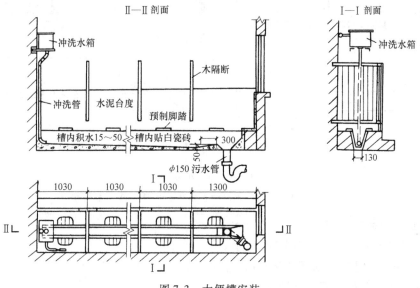

图 7-3　大便槽安装

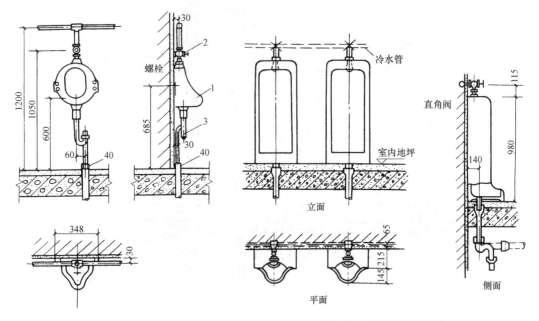

图 7-4　挂式小便器安装　　　　　　　　图 7-5　立式小便器安装

1—小便器　2—DN15mm 截止阀

3—DN40mm 存水弯

6）小便槽安装标准图，如图 7-6 所示。

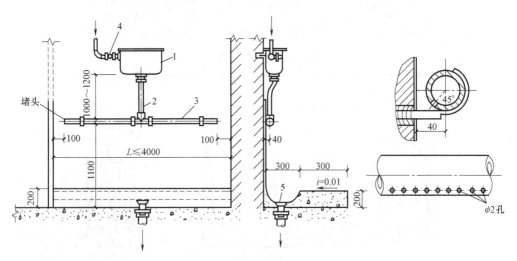

图 7-6　小便槽安装

1—冲洗水箱　2—冲洗管　3—多孔管　4—截止阀　5—地漏

7）洗脸盆安装标准图，如图 7-7 所示。

8）盥洗槽安装标准图，如图 7-8 所示。

9）浴盆安装标准图，如图 7-9 所示。

10）淋浴器安装标准图，如图 7-10 所示。

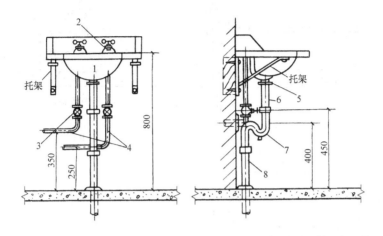

图 7-7 洗脸盆安装

1—洗脸盆 2—$DN15$mm 龙头 3—$DN15$mm 截止阀 4—$DN15$mm 给水管 5—$DN32$mm 排水栓

6—$DN32$mm 钢管 7—$DN32$mm 存水弯 8—$DN32$mm 排水管

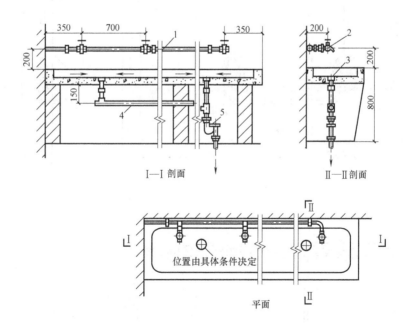

图 7-8 盥洗槽安装

1—给水管 2—龙头 3—排水栓 4—排水管 5—存水弯

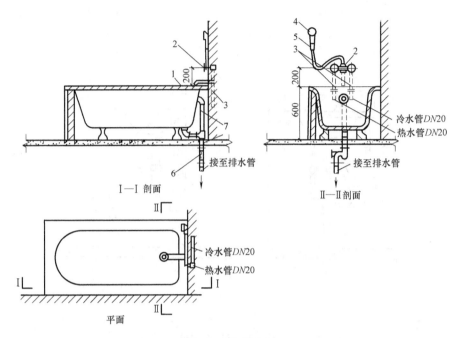

图 7-9　浴盆安装

1—浴盆　2—混合阀门　3—给水管　4—莲蓬头　5—软管　6—存水管　7—排水管

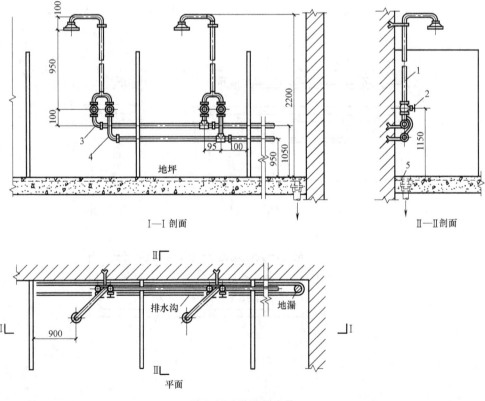

图 7-10　淋浴器安装

1—淋浴器　2—截止阀　3—热水管　4—给水管　5—地漏

第二节　室内给水排水工程施工图

一、室内给水系统的组成和系统图示

1. 室内给水系统的组成（见图 7-11）

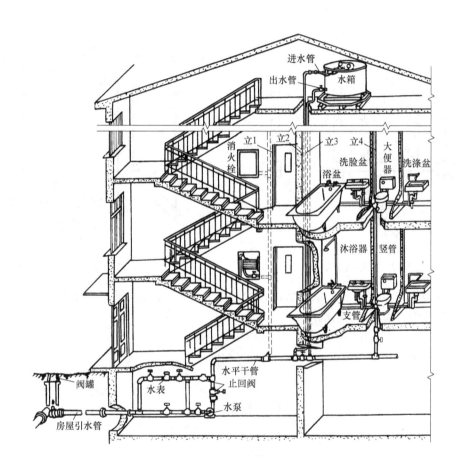

图 7-11　室内给水系统的组成

（1）引入管　穿过建筑物外墙或基础，从室外给水管把水引入室内给水管网的水平干管，又称进户管，引入管上安有止回阀。

（2）水表节点　安装在引入管上的水表及水表前后的阀门。

（3）室内配水管网　干管、立管、支管所组成的系统。

（4）附件　各式龙头和阀门。

（5）贮止升压设备　水池、水箱、水泵及气压给水设备等。

2. 室内给水系统图示

根据室外给水系统所提供的压力和室内用水系统所需压力而确定给水系统的形式:

（1）直接给水系统 室外供水压力大于室内用水所需压力,采用直接给水系统,如图 7-12 所示。

（2）单设水箱给水系统 室外供水压力短时内不能满足室内用水压力,采用水箱贮水和平衡用水压力,如图 7-13 所示。

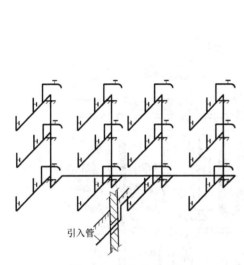

图 7-12 直接给水系统

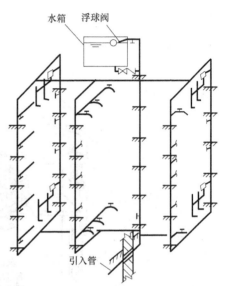

图 7-13 单设水箱给水系统

（3）单设水泵给水系统 室外管网压力经常小于室内用水压力,且用水均匀而大,采用此种给水系统,如图 7-14 所示。

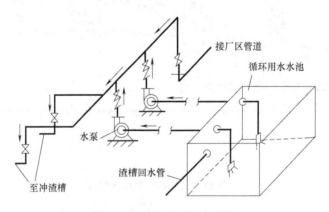

图 7-14 单设水泵给水系统

（4）水泵水箱给水系统 室外供水压力小于室内用水压力且用水量大而不均匀,采用此种供水方式,如图 7-15 所示。

（5）分区给水系统 多层高层建筑因室外压力和管材、卫生器具所承受的水压力限制,采用分区给水系统,如图 7-16 所示。

（6）气压给水系统 室外供水压力小于室内用水压力,且用水量大又不均匀,屋顶不允许设水箱，采用此种给水系统，如图 7-17 所示。

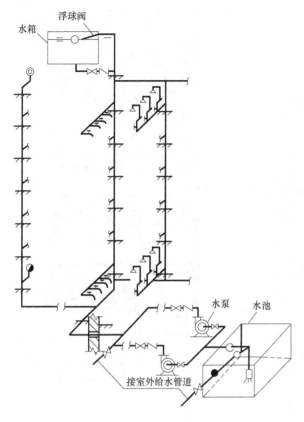

图 7-15 水泵水箱供水系统

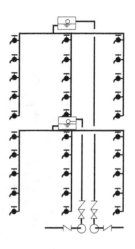

图 7-16 分区给水系统

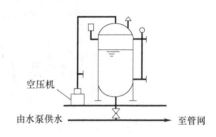

图 7-17 气压给水系统

二、室内排水系统的组成和分类

1. 组成

室内排水系统的组成有：①卫生设备；②排水管：横、立、支管；③清通设备；④通气管；⑤排出管等（见图 7-18）。

2. 分类

1）单立管系统，如图 7-18 所示。

2）双立管系统，如图 7-19 所示。

三、屋面雨水排水系统的组成与分类

屋面雨水排水系统有内排水系统，如图 7-20 所示；水落管排水系统，如图 7-21 所示；天沟排水系统，如图 7-22 所示。这些排水系统一般由雨水斗、雨水管及清通检查口组成。

四、室内给水排水工程施工图图样及表示方法

1. 组成

一套完整的室内给排水施工图有下列图样：

（1）目录 对各张图样进行编号并注明各名称。

（2）说明 设计依据、施工质量要求。

（3）设备材料用表 表明主要用材料和设备。

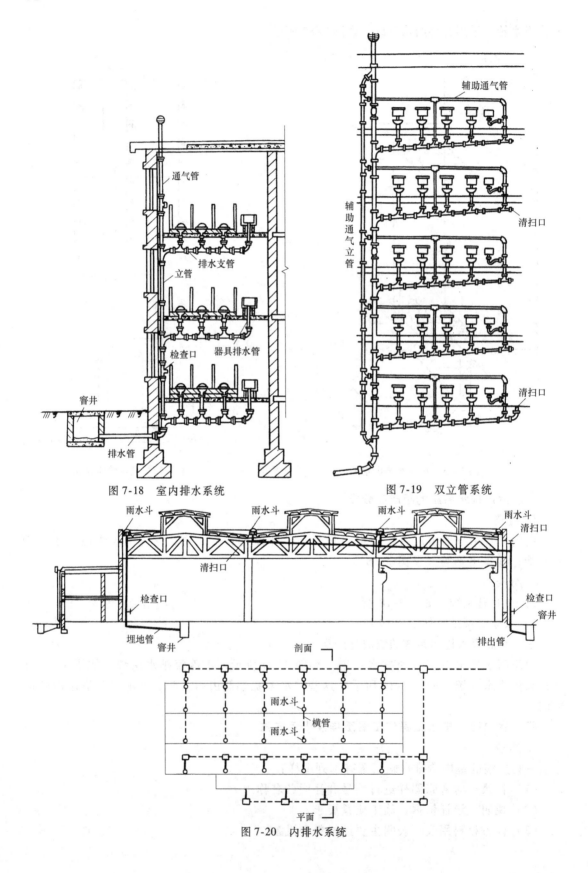

图 7-18 室内排水系统

图 7-19 双立管系统

图 7-20 内排水系统

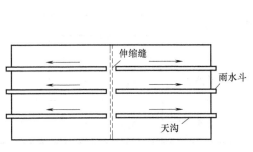

图 7-21　水落管排水系统

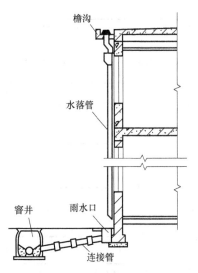

图 7-22　天沟排水系统

（4）平面图　管道、设备的布置、给排水管道和设备在平面图中同时表示。

（5）轴测图　按轴测投影方法分别绘制给水轴测图、排水轴测图，表明管道和设备在空间的立体位置。在轴测图上只画各卫生设备的图例。

（6）详图　管道细部安装、设备和其他阀门组合件的安装。

2. 管道、阀件和设备图例

管道、阀件和设备的图例见表 7-2 ～ 表 7-10。

表 7-2　管道

序号	名　称	图　例	备　注	序号	名　称	图　例	备　注
1	生活给水管	—— J ——	—	10	凝结水管	—— N ——	—
2	热水给水管	—— RJ ——	—	11	废水管	—— F ——	可与中水原水管合用
3	热水回水管	—— RH ——	—	12	压力废水管	—— YF ——	—
4	中水给水管	—— ZJ ——	—	13	通气管	—— T ——	—
5	循环冷却给水管	—— XJ ——	—	14	污水管	—— W ——	—
6	循环冷却回水管	—— XH ——	—	15	压力污水管	—— YW ——	—
7	热媒给水管	—— RM ——	—	16	雨水管	—— Y ——	—
8	热媒回水管	—— RMH ——	—	17	压力雨水管	—— YY ——	—
9	蒸汽管	—— Z ——	—	18	虹吸雨水管	—— HY ——	—

（续）

序号	名称	图例	备注	序号	名称	图例	备注
19	膨胀管	—— PZ ——	—	24	防护套管		—
20	保温管		也可用文字说明保温范围	25	管道立管	XL-1 平面　XL-1 系统	X 为管道类别 L 为立管 1 为编号
21	伴热管		也可用文字说明保温范围	26	空调凝结水管	—— KN ——	—
22	多孔管		—	27	排水明沟	坡向 →	—
23	地沟管		—	28	排水暗沟	坡向 →	—

注：1. 分区管道用加注角标方式表示。

2. 原有管线可用比同类型的新设管线细一级的线型表示，并加斜线，拆除管线则加叉线。

表 7-3　管道附件

序号	名称	图例	备注	序号	名称	图例	备注
1	管道伸缩器		—	10	通气帽	↑ ⋔ 成品　蘑菇形	—
2	方形伸缩器		—	11	雨水斗	YD- YD- 平面　系统	—
3	刚性防水套管		—	12	排水漏斗	平面　系统	—
4	柔性防水套管		—	13	圆形地漏	平面　系统	通用。如无水封、地漏应加存水弯
5	波纹管		—	14	方形地漏	平面　系统	
6	可曲挠橡胶接头	单球　双球	—	15	自动冲洗水箱		
7	管道固定支架		—	16	挡墩		
8	立管检查口		—	17	减压孔板		
9	清扫口	平面　系统	—	18	Y 形除污器		

（续）

序号	名　称	图　例	备　注	序号	名　称	图　例	备　注
19	毛发聚集器	平面　系统	—	22	真空破坏器		—
20	倒流防止器		—	23	防虫网罩		—
21	吸气阀		—	24	金属软管		—

表 7-4　管道连接

序号	名　称	图　例	备　注	序号	名　称	图　例	备　注
1	法兰连接		—	7	弯折管	高　低　低　高	—
2	承插连接		—	8	管道丁字上接	高　低	—
3	活接头		—	8	管道丁字上接	高　低	—
4	管堵		—	9	管道丁字下接	高　低	—
5	法兰堵盖		—	10	管道交叉	低　高	在下面和后面的管道应断开
6	盲板		—	10	管道交叉	低　高	在下面和后面的管道应断开

表 7-5　管件

序号	名　称	图　例	序号	名　称	图　例
1	偏心异径管		8	90°弯头	
2	同心异径管		9	正三通	
3	乙字管		10	TY 三通	
4	喇叭口		11	斜三通	
5	转动接头		12	正四通	
6	S 形存水弯		13	斜四通	
7	P 形存水弯		14	浴盆排水管	

表 7-6　阀门

序号	名　　称	图　　例	备　注	序号	名　　称	图　　例	备　注
1	闸阀		—	17	隔膜阀		—
2	角阀		—	18	气开隔膜阀		—
3	三通阀		—	19	气闭隔膜阀		—
4	四通阀		—	20	电动隔膜阀		—
5	截止阀		—	21	温度调节阀		—
6	蝶阀		—	22	压力调节阀		—
7	电动闸阀		—	23	电磁阀		—
8	液动闸阀		—	24	止回阀		—
9	气动闸阀		—	25	消声止回阀		—
10	电动蝶阀		—	26	持压阀		—
11	液动蝶阀		—	27	泄压阀		—
12	气动蝶阀		—	28	弹簧安全阀		左侧为通用
13	减压阀		左侧为高压端	29	平衡锤安全阀		—
14	旋塞阀	平面　　系统	—	30	自动排气阀	平面　　系统	—
15	底阀	平面　　系统	—	31	浮球阀	平面　　系统	—
16	球阀		—	32	水力液位控制阀	平面　　系统	—

（续）

序号	名　称	图　例	备　注	序号	名　称	图　例	备　注
33	延时自闭冲洗阀		—	35	吸水喇叭口	平面　系统	—
34	感应式冲洗阀		—	36	疏水器		—

表 7-7　给水配件

序号	名　称	图　例	序号	名　称	图　例
1	水嘴	平面　系统	6	脚踏开关水嘴	
2	皮带水嘴	平面　系统	7	混合水嘴	
3	洒水（栓）水嘴		8	旋转水嘴	
4	化验水嘴		9	浴盆带喷头混合水嘴	
5	肘式水嘴		10	蹲便器脚踏开关	

表 7-8　消防设施

序号	名　称	图　例	备　注	序号	名　称	图　例	备　注
1	消火栓给水管	——XH——	—	9	水泵接合器		—
2	自动喷水灭火给水管	——ZP——	—	10	自动喷洒头（开式）	平面　系统	—
3	雨淋灭火给水管	——YL——	—	11	自动喷洒头（闭式）	平面　系统	下喷
4	水幕灭火给水管	——SM——	—				
5	水炮灭火给水管	——SP——	—	12	自动喷洒头（闭式）	平面　系统	上喷
6	室外消火栓		—				
7	室内消火栓（单口）	平面　系统	白色为开启面	13	自动喷洒头（闭式）	平面　系统	上下喷
8	室内消火栓（双口）	平面　系统	—				

（续）

序号	名　称	图　例	备　注	序号	名　称	图　例	备　注
14	侧墙式自动喷洒头	平面　系统	—	21	雨淋阀	平面　系统	—
15	水喷雾喷头	平面　系统	—	22	信号闸阀		—
16	直立型水幕喷头	平面　系统	—	23	信号蝶阀		—
17	下垂型水幕喷头	平面　系统	—	24	消防炮	平面　系统	—
18	干式报警阀	平面　系统	—	25	水流指示器		—
19	湿式报警阀	平面　系统	—	26	水力警铃		—
20	预作用报警阀	平面　系统	—	27	末端试水装置	平面　系统	—
				28	手提式灭火器		—
				29	推车灭火器		—

注：1. 分区管道用加注角标方式表示。

2. 建筑灭火器的设计图例可按现行国家标准《建筑灭火器配置设计规范》GB 50140 的规定确定。

表 7-9　小型给水排水构筑物

序号	名　称	图　例	备　注	序号	名　称	图　例	备　注
1	矩形化粪池	HC	HC 为化粪池	5	中和池	ZC	ZC 为中和池代号
2	隔油池	YC	YC 为隔油池代号	6	雨水口（单算）		—
3	沉淀池	CC	CC 为沉淀池代号	7	雨水口（双算）		—
4	降温池	JC	JC 为降温池代号	8	阀门井及检查井	J-×× W-×× Y-××	以代号区别管道

（续）

序号	名 称	图 例	备 注	序号	名 称	图 例	备 注
9	水封井	⊘	—	11	水表井	 ▶	—
10	跌水井	⊘	—				

表 7-10 给水排水设备

序号	名 称	图 例	备 注	序号	名 称	图 例	备 注
1	卧式水泵	 平面 系统	—	9	板式热交换器	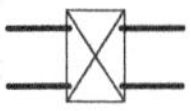	—
2	立式水泵	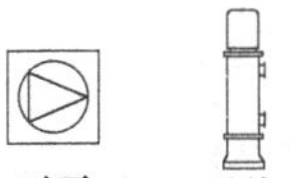 平面 系统	—	10	开水器	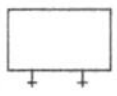	—
3	潜水泵	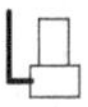	—	11	喷射器	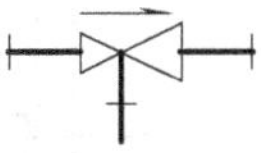	小三角为进水端
4	定量泵	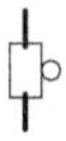	—	12	除垢器		—
5	管道泵		—	13	水锤消除器	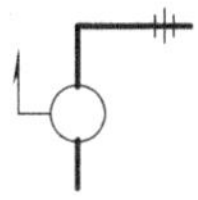	—
6	卧式容积热交换器	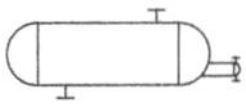	—	14	搅拌器	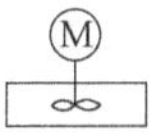 Ⓜ	—
7	立式容积热交换器	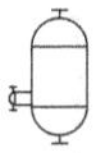	—	15	紫外线消毒器	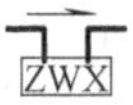 ZWX	—
8	快速管式热交换器	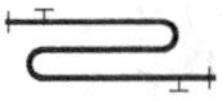	—				

五、室内给水排水施工图的识读

室内给水排水施工图的识读方法是：给水和排水图分开读。

1）读给水图：首先从平面图入手，进而看轴测图，分清该系统属于何种给水系统，粗看贮水池、水箱、水泵等设备的位置，对系统有一个全面认识，然后对照各图样综合分析，具体弄明管道的走向、管径、坡度、坡向、设备的安装位置、型号、规格及与建筑的详细尺寸、设备的支架、基础形式等，可以按水源→管道→用水设备的顺序去看。

2）读排水图：从平面图入手，看排水轴测图，分清系统的类型，把平面图上的排水系统编号与系统编号相对应。分清管径、坡度坡向，可以按卫生器具→排水支管→排出横管→排水立管→排出管的顺序去看。

以某三层建筑给水排水为例，其主要图样有：一层给水排水平面图，如图 7-23 所示；二、三层给水排水平面图，如图 7-24 所示；给水轴测图，如图 7-25 所示；排水轴测图，如图 7-26 所示。通气管穿屋大样图，如图 7-27 所示。

（1）平面图　每层有男女厕所，朝北向。男厕所设高位冲洗水箱蹲式大便器四个、污

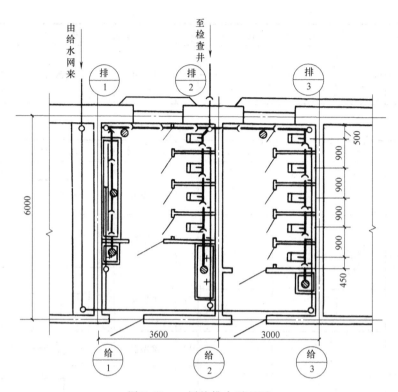

图 7-23　一层给排水平面图

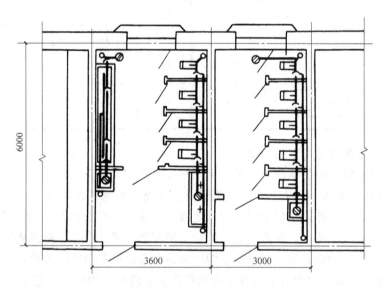

图 7-24　二至三层给排水平面图

水池一个、多孔冲洗小便槽一个、盥洗槽一个；女厕所设高位冲洗水箱蹲式大便器五个、污水池一个；分别设地漏一个。引入管从东北角引入，给水立管三根，排水立管三根。

（2）轴测图　引入管从 -1.8m 穿墙而入，室内埋深 -0.3m，从干管上接三根立管，分别接出支管到用水设备。大便器排水管径为 $DN100mm$，$i=0.002$，污水池管径为 $DN50mm$，总排出管 $DN150mm$，排水立管穿屋面由水泥砂浆、橡胶垫、管箍等做成。

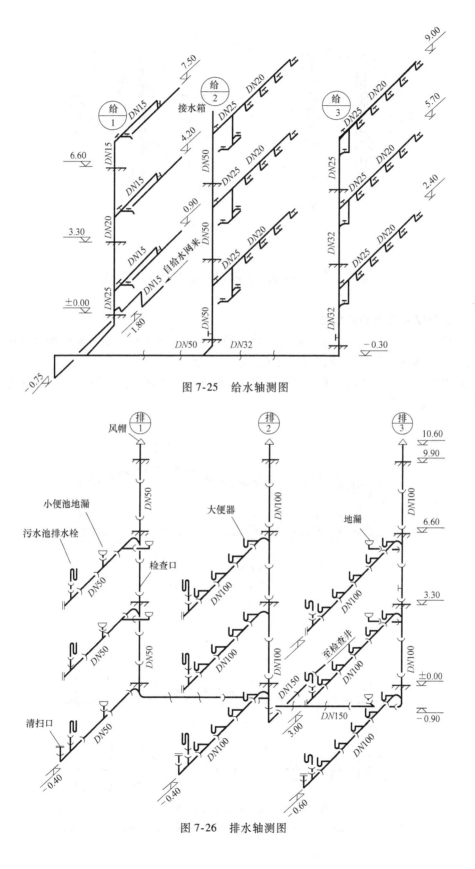

图 7-25　给水轴测图

图 7-26　排水轴测图

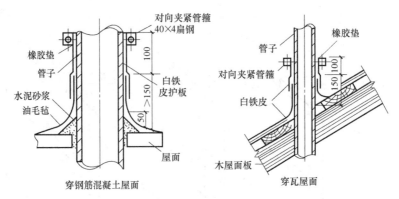

图 7-27　穿屋面大样图

第三节　室外给水排水工程施工图

一、室外给水工程组成概述

室外给水工程指自水源取水，将水净化处理达到用水水质标准后并输配到管网而建的一系列建（构）筑物、设备、管道及附件而组成的综合体。

以地表水为水源的给水工程为例，如图 7-28 所示。其组成为水源、净水构筑物、水泵与水泵站、输配水管网。

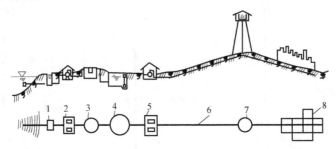

图 7-28　以地表水为水源的给水工程

1—取水构筑物　2——级泵站　3—净水构筑物　4—清水池

5—二级泵站　6—输水管　7—水塔　8—配水管网

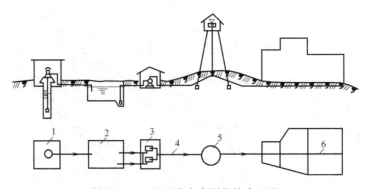

图 7-29　以地下水为水源的给水工程

1—深井（泵站）　2—清水池　3—泵站（二级）　4—输水管　5—水塔　6—配水管网

以地下水为水源的给水工程，如图 7-29 所示。其组成有深井及深井泵、贮水池和输配水管网。

管网布置有枝状和环状两种。街坊枝状管网如图 7-30 所示。管网由近及远向供水区延伸，由干管、配水管、进户管、管配件组成。

环状管网布置如图 7-31 所示，把各配水管连通一起，形成闭合管路。

二、室外排水工程组成概述

室外排水工程一般指生活、生产污（废）水管道、雨水管道、污水处理及污水排放的一系列工程设施，其系统组成有排水管网、污水泵站、污水处理厂（污水处理站）和污水排放口等，如图 7-32 所示。

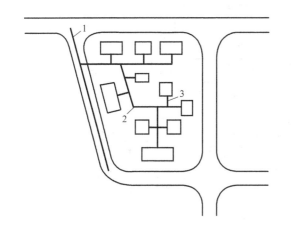

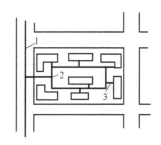

图 7-30　枝状管网

1—干管　2—配水管　3—进户管

图 7-31　环状管网

1—干管　2—配水管　3—进户管

三、室外给排水管道施工图组成、表示及识读

1. 组成

室外给排水管道施工图组成：①给排水平面图，表明一个厂区、地区（或街区）的给排水管道及构筑物的平面布置位置，如管道的走向、管径、标高和构筑物的位置和具体尺寸；②纵剖面图，表明管道、构筑物的位置、管径、编号；③详图，管道节点详图及建（构）筑物详图等。

2. 表示方法

室外给排水工程施工图样，常把平面图和立向剖面图画在同一张图上，上为平面图，下为立向剖面图，便于对应识读。

在管网施工图上有节点详图，用图例表示节点上的配件和附件。水管配件图例见表 7-11。

绘制节点详图时不必按比例，节点间的管线可以不绘，但应能表示管线的轮廓。某一管网节点详图如图 7-33 所示。

3. 识读方法及举例

识读室外给排水管道施工图可以按下列顺序进行：①看给水管网，从水源管道开始沿水流方向，依干管、配水管至进户管，弄清各节点的管件和配件，管材规格和种类以及管径大小，弄清它们在平面上和立面上的位置；②看排水管网，沿水流方向，依支管、干管至排出管，弄清管径大小、坡度坡向以及在平面立面上的位置，各检查井、处理构筑物的型号、间距等。以某新建办公楼的室外给排水工程为例，如图 7-34 为例。

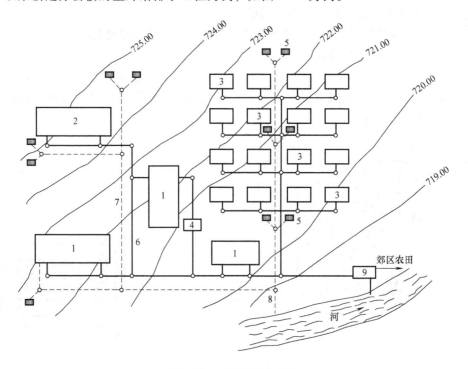

图 7-32 工厂区排水系统

1—生产车间 2—办公楼 3—居住房屋 4—局部污水处理构筑物 5—雨水口
6—生活污水及污染的工业废水管道 7—雨水管道 8—出水管渠 9—污水处理厂

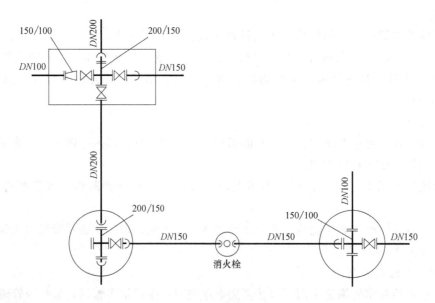

图 7-33 给水管网节点

表 7-11 水管配件图例

名　称	图　例	名　称	图　例	名　称	图　例
承插直管		90°双承弯管		马鞍法兰	
法兰直管		90°承插弯管		活络接头	
三法兰三通		双承弯管		法兰式墙管（甲）	
三承三通		承轴弯管		承插墙管（甲）	
双承法兰三通		法兰缩管		喇叭口	
法兰四通		承口法兰缩管		闷头	
四承四通		双承缩管		塞头	
双承双法兰四通		承口法兰短管		法兰式消火栓用弯管	
法兰泄水管		法兰插口短管		法兰式消火栓用丁字管	
承口泄水管		双承口短管		法兰式消火栓用十字管	
90°法兰弯管		双承套管			

其中图 7-34a 为给水排水平面图，表明各种管道、构筑物的平面位置、管径大小。图 7-34b 为排水干管纵剖面图，表明排水干管的设计地面标高、管底标高、管道埋深、管径、坡度、检查井距离和编号。从图 7-34a 上看，室外给水管道在办公楼北面，距墙外约 2m（可用比例尺量出），平行于外墙埋地敷设，水源来自市政给水管，由南至北，总管直径 $DN80mm$，进户管三根，由西向东，管径分别为 $DN32mm$、$DN50mm$、$DN32mm$，总管上接有水表。排水管有生活污水系统和雨水系统，生活污水由三处排出，在大楼北墙外，北墙外生活污水管径为 $DN150mm$，生活污水经化粪池处理后与雨水管汇合排至室外市政干管，管径 $DN380mm$。在排至化粪池之前，有五个检查井编号为 13、14、15、16、17，从 17 号排至化粪池。

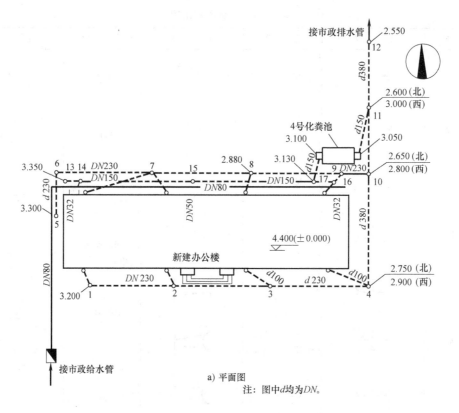

a) 平面图

注：图中 *d* 均为 *DN*。

高程 / m		DN 230 2.90		DN 230 2.80		DN 150 3.00		
设计地面标高 / m		4.10		4.10		4.10		4.10
管底标高 / m		2.75		2.65		2.60		2.55
管道埋深 / m		1.35		1.45		1.50		1.55
管径 / mm				*DN*=380				
坡度				0.002				
距离 / m			18		12		12	
检查井编号		4		10		11		12
平面图								

b) 排水干管纵剖面图

图 7-34　办公楼室外给排水施工图

室外雨水管收集屋面雨水，南面雨水立管四根和四个雨水井（编号 1、2、3、4），北面四根雨水立管和四个雨水井（编号 6、7、8、9），西一个雨水井（编号 5），南北两条雨水管径为 φ230mm，污雨水总管为 φ380。

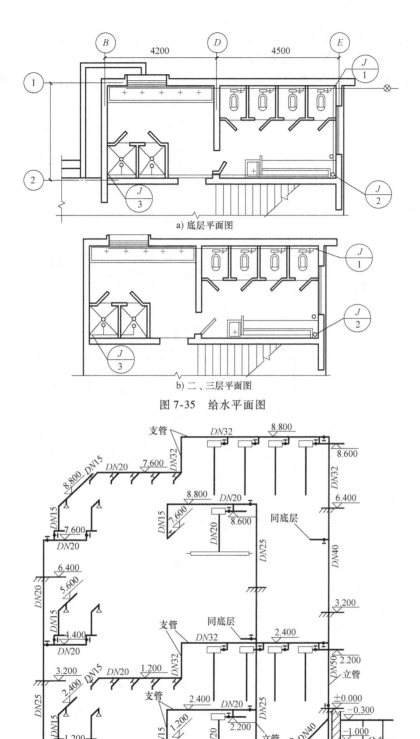

a) 底层平面图

b) 二、三层平面图

图 7-35 给水平面图

图 7-36 给水轴测图

　雨水管管底起点标高，1 号为 3.20m，5 号为 3.30m，其他均照此查而知。

　　检查井，化粪池根据图上所标型号均可查标准图集而知。

　　总之，室外管道施工图可根据管道类别分别识读，按来、去和中间所设构筑物的顺序详细查找。

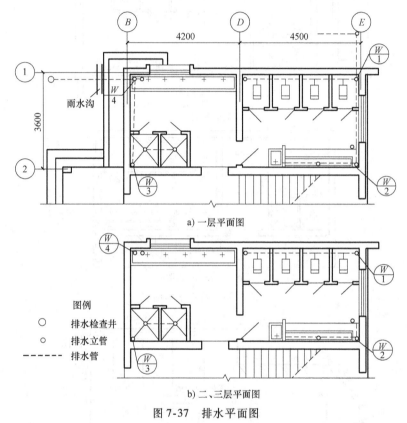

a) 一层平面图

b) 二、三层平面图

图 7-37　排水平面图

复 习 题

　　1. 给水排水施工图如何分类？

　　2. 在施工图上，卫生设备是如何表示的？

　　3. 卫生设备的具体安装应查什么图？

　　4. 室内给水系统图有哪些？对识图有何作用？

　　5. 室内排水系统由哪些组成？

　　6. 室内给排水施工图有哪些图样？为什么给排水管道在平面图上同时表示，而在轴测图上为什么分开表示？

　　7. 如何识读室内给排水施工图？

　　8. 试述室外给水工程的组成，用图示之。

　　9. 试述室外排水工程的组成，用图示之。

　　10. 室外给排水施工图的特点是什么？

　　11. 如何识读室外给排水施工图？

　　12. 对某建筑室内给水施工图进行识读（见图 7-35、图 7-36）。

　　13. 对某建筑室内排水施工图进行识读（见图 7-37、图 7-38）。

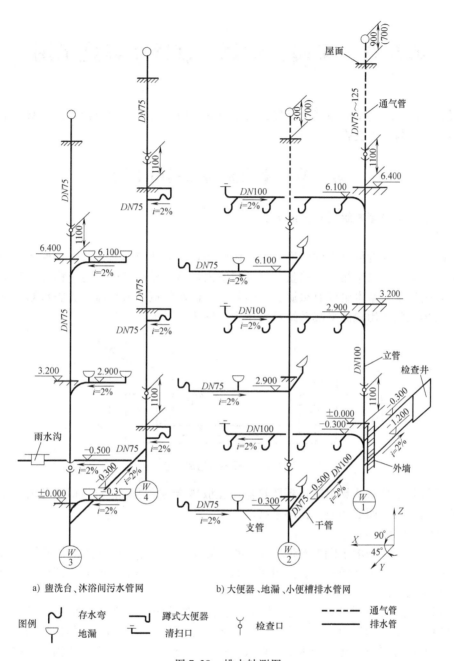

a) 盥洗台、沐浴间污水管网　　b) 大便器、地漏、小便槽排水管网

图例　〜 存水弯　⌐ 蹲式大便器　⌐ 清扫口　‑‑‑‑‑ 通气管
　　　⊻ 地漏　⌐ 清扫口　⊙ 检查口　—— 排水管

图 7-38　排水轴测图

第八章　采暖、空调、制冷工程施工图

采暖、空调是改变室内环境的工程，其管道施工图有自己的专业特点，本章分采暖工程施工图和空调、制冷工程施工图。

第一节　室内采暖工程施工图

一、采暖工程的基本组成和系统分类

1. 组成

在冬季，室外温度低于室内温度，房间内的热量不断地传向室外。为了保证房间内所需要的温度，需向室内供给相应的热量，这种向室内供给热量的工程设施，称为采暖工程或采暖系统。采暖系统的基本组成有热源、供热管道、回水管道、散热器、膨胀水箱、排气除污等设备。从热源到热用户的采暖系统示意图，如图8-1所示。

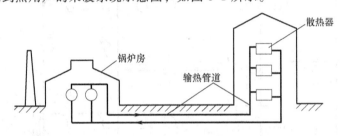

图8-1　采暖系统组成示意

整个系统是把热媒从热源输送到散热器，在散热器内放热后，重新回热源内加热，再输送至散热器内放热，而成一闭合循环系统。

2. 采暖系统的分类

"热媒"是用于采暖的工作介质，如热水、蒸汽、热风等。根据热媒的不同，采暖系统分热水采暖系统、蒸汽采暖系统、热风采暖系统三种。为了掌握采暖施工图的识图方法，应掌握各种系统的原理图。

（1）机械循环热水采暖系统　机械循环热水采暖系统原理图，如图8-2所示。其流程是依靠电动离心水泵的作用，使热水在系统中不断循环流动进行加热放热的。膨胀水箱主要用于调节因温度升高而被膨胀的水量；排气阀排除系统内的空气，而防止因气塞破坏水的循环；除污器用于收集排除系统内的杂质和污垢。

（2）蒸汽采暖系统　蒸汽采暖系统采用蒸汽作热媒，根据压力的高、低可分低压蒸汽采暖和高压蒸汽采暖两种系统。低压蒸汽采暖系统示意图，如图8-3所示。

其流程是：由低压蒸汽锅炉产生的蒸汽经分气缸分配到各个系统供热。蒸汽经室内外干管1、2及立管3、散热器水平支管4进入到装有散热器的房间内，并在散热器中放热凝结，将热量传给室内空气，凝结水从散热设备内流出，经疏水阀10进入凝结水管道5、6、7后流入凝结水池8，再用凝结水泵9注入锅炉重新加热并产生蒸汽。

高压蒸汽采暖系统，如图8-4所示。

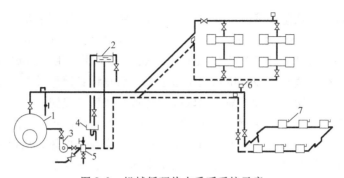

图 8-2　机械循环热水采暖系统示意

1—锅炉　2—膨胀水箱　3—循环泵　4—排水池　5—除污器　6—排气阀　7—放风门

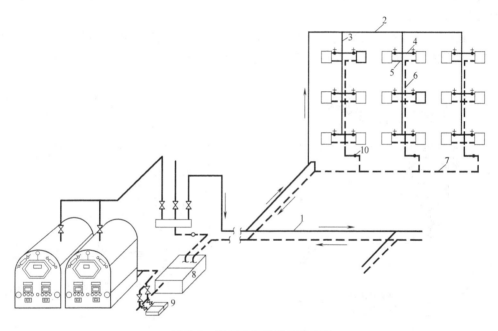

图 8-3　低压蒸汽采暖系统示意

1—室外蒸汽干管　2—室内蒸汽干管　3—蒸汽立管　4—散热器水平支管　5—凝结水支管
6—凝结水立管　7—凝结水干管　8—凝结水池　9—凝结水泵　10—疏水阀

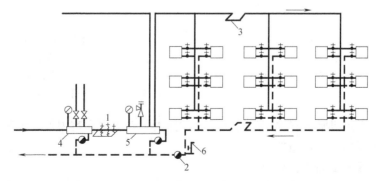

图 8-4　高压蒸汽采暖系统示意

1—减压装置　2—疏水阀　3—方形伸缩器　4—减压阀前分气缸　5—减压阀后分气缸　6—放气阀

　　其流程是高压蒸汽从室外蒸汽干管引入，在建筑物入口处设置有减压装置1，装在减压阀前的分气缸4，是为分配、调节供给生产用汽。减压阀后的分气缸5，是为分配调节供给建筑内各供暖支路的蒸汽。分气缸上安装有压力表及安全阀，用于检查压力和防止系统超压。从室外引入的高压蒸汽，经减压阀减压后进入各散热设备凝结放热，凝结水经疏水阀2排入回水管道流入锅炉房，方形伸缩器用以吸收管道受热后的热膨胀。

　　（3）热风采暖系统　热风采暖系统以热空气作热源。在系统中，首先将空气加热，然后将加热后高于室内温度的空气送入室内，热空气在室内降温放热，从而达到采暖的目的。

　　热风采暖采用暖风机作为散热设备。暖风机由通风机、电动机、空气加热器等组合而成的联合机组。可用于加热和输送热空气。

　　根据加热空气的热源不同而分热水热风采暖和蒸汽热风采暖系统。其中热水热风采暖系统示意图，如图8-5所示。

　　其流程是：暖风机吸入空气经热水空气加热器加热，由暖风机把热空气送入室内，使室内空气产生强制对流放热。蒸汽热风采暖系统如图8-6所示。

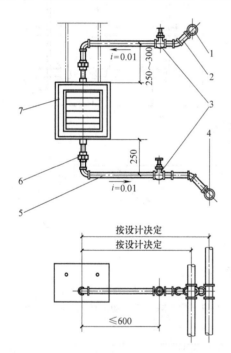

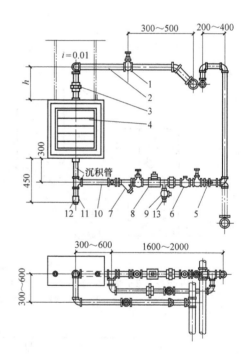

图8-5　热水热风采暖系统示意
1—供水干管　2—供水支管　3—阀门　4—回水干管
5—回水支管　6—活接头　7—暖风机

图8-6　蒸汽热风采暖系统示意
1—截止阀　2—供汽管　3—活接头　4—暖风机　5—旁通管　6—止回阀　7—过滤器　8—疏水阀　9—旋塞
10—凝结水管　11—管箍　12—丝堵　13—验水管

　　其流程是：暖风机吸入室内空气送入空气加热器加热再送入室内产生强制对流放热，蒸汽通过空气加热器向空气传递热量。

　　二、室内采暖施工图基本表示方法

　　（1）图例　为了表示各种管道和设备，而用示意图把它们表示出来，称为图例，识图时应预先掌握。采暖施工图的常用图例见表8-1。

表 8-1　常用图例

序号	名　称	图　例	序号	名　称	图　例
1	高压蒸汽管		20	□形伸缩器	
2	高压凝结水管		21	套管伸缩器	
3	低压蒸汽管		22	球阀	
4	低压凝结水管	或	23	角阀	
5	热水采暖供水管或一种热媒时供汽管		24	止回阀	
6	热水采暖回水管或一种热媒时回水管		25	减压阀	
7	空气管		26	弹簧安全阀（通用）	
8	总立管	◎　(总)	27	固定支架（单管）	
9	采暖立管	●○　(N)	28	固定支架（多管）	
10	明装散热器				
11	暗装散热器		29	混水器、喷射器	
12	圆翼形散热器		30	压力表	
13	光滑管散热器		31	温度表	
14	暖风机		32	分气（水）缸	
15	疏水器		33	空气加热器	
16	调压板		34	采暖入口编号	N-I(Ⅱ)
17	散热器放风门		35	膨胀水箱	
18	集气罐		36	离心水泵	
19	除污器		37	轴流风机	编号分号 负数

注：若设计人员采用其他图例表示，图样上应说明。

（2）干管布置方法　干管布置是采暖系统识图时应掌握的一个重要内容。掌握了干管布置的特点，可树立一个总体观念。干管布置有同程式、异程式、分支环路和无分支环路等。

异程式如图 8-7 所示，表示从热源到各立管所形成的闭合环路路程不相等。

同程式如图 8-8 所示，表示从热源到各立管所形成的闭合环路路程相等。

分支环路如图 8-9 所示，表示环路上还分出环路。

无分支环路如图 8-10 所示，表示干管环路上不分出支环路。

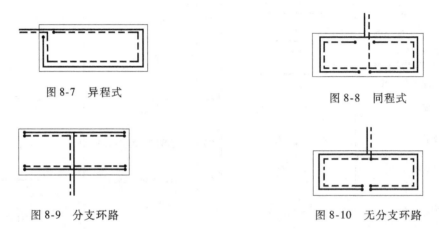

图 8-7　异程式　　　　　　　　　　　　　　　图 8-8　同程式

图 8-9　分支环路　　　　　　　　　　　　　　图 8-10　无分支环路

（3）管道与散热器连接表示方法　不同的系统图，管道与散热器连接也不同，识图时应掌握各系统中管道与散热器的连接在平面图上和轴测图上的特点，其表示方法见表 8-2。

表 8-2　管道与散热器连接表示方式

系统图示	楼层	平　面　图	轴　测　图
双管上分式	顶层	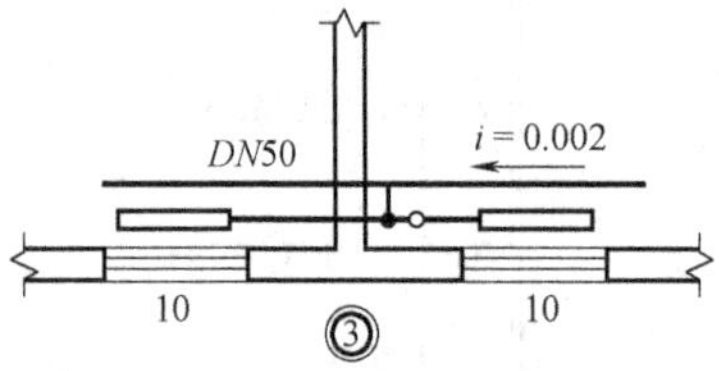	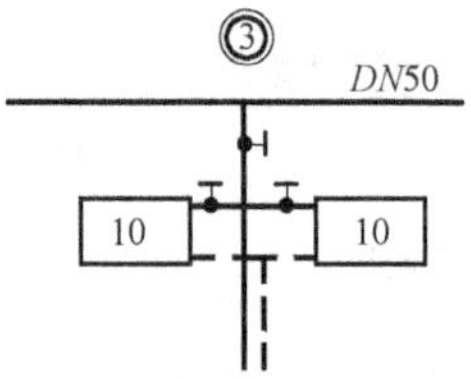
	中间层	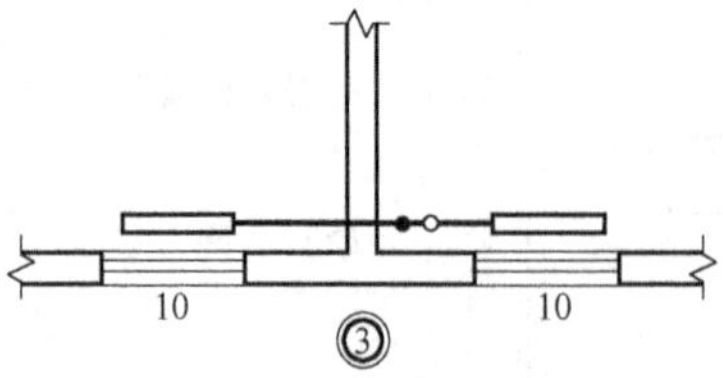	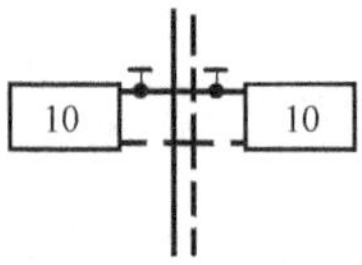
	底层	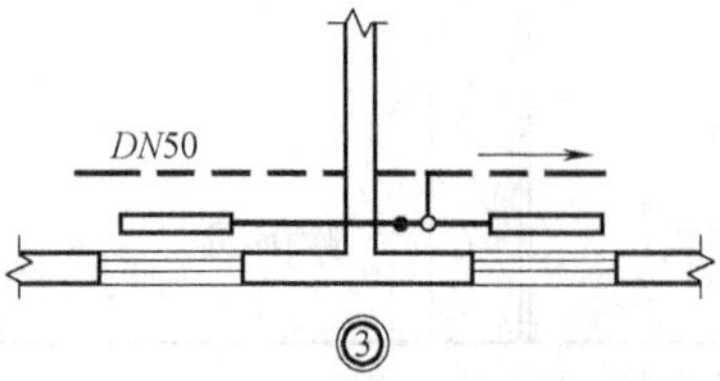	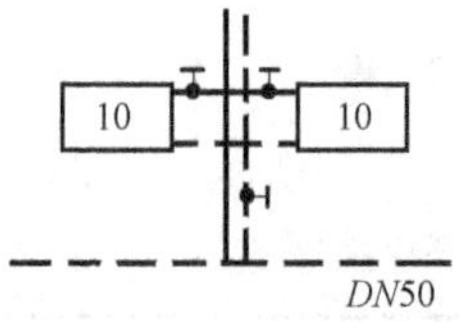

（续）

系统图示	楼层	平 面 图	轴 测 图
双管下分式	顶层	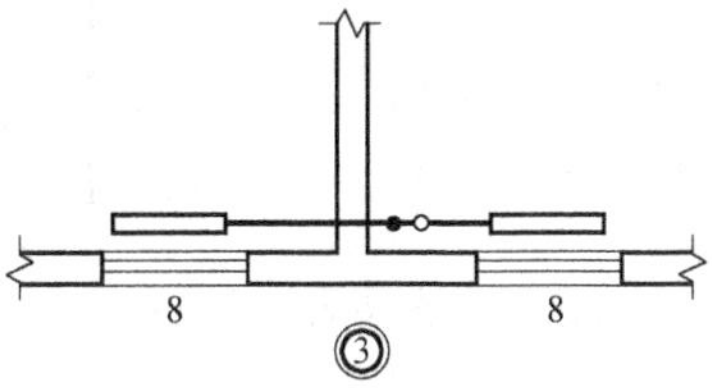 8　8 ③	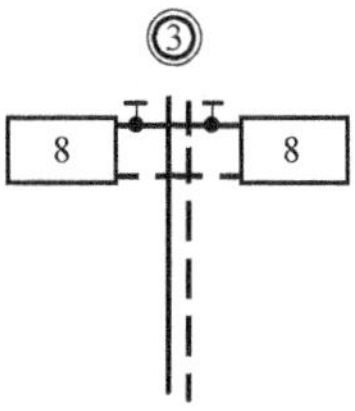 ③ 8　8
	中间层	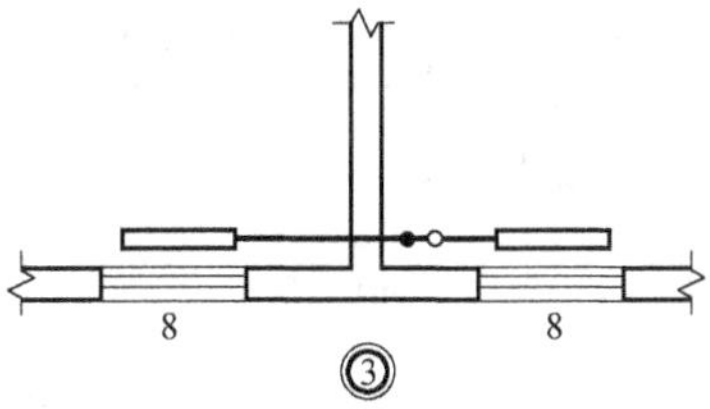 8　8 ③	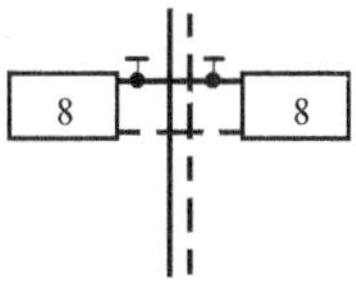 8　8
	底层	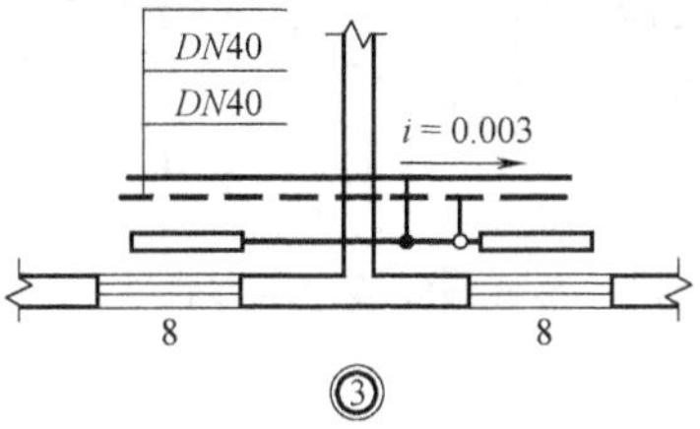 *DN*40　*DN*40　*i* = 0.003　8　8 ③	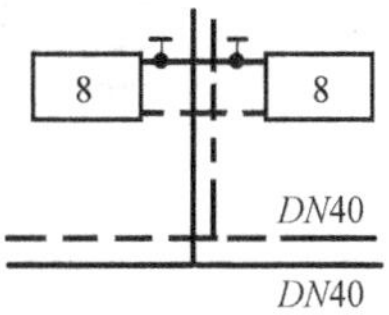 8　8　*DN*40　*DN*40
单管垂直式	顶层	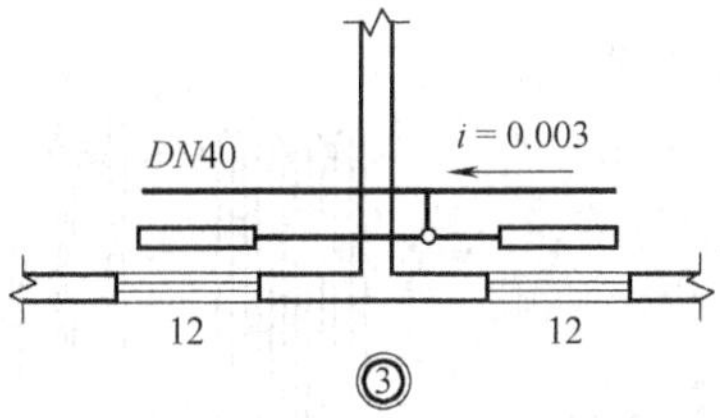 *DN*40　*i* = 0.003　12　12 ③	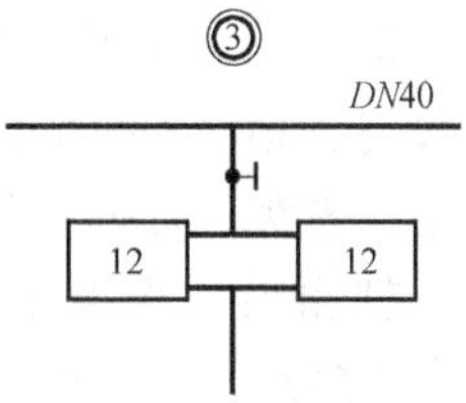 ③ *DN*40　12　12
	中间层	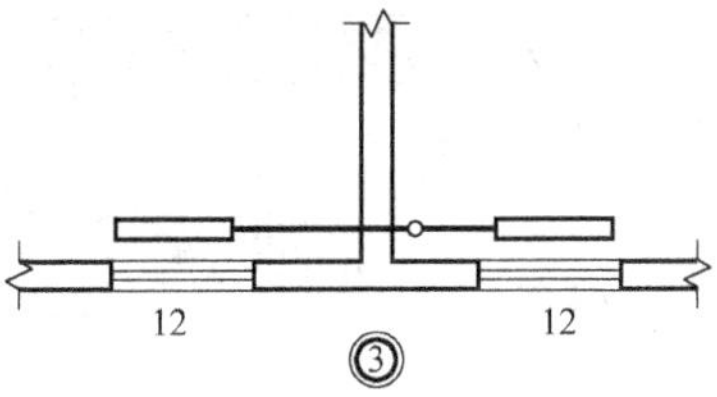 12　12 ③	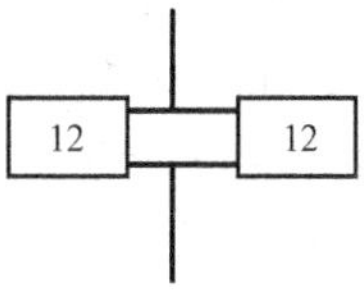 12　12
	底层	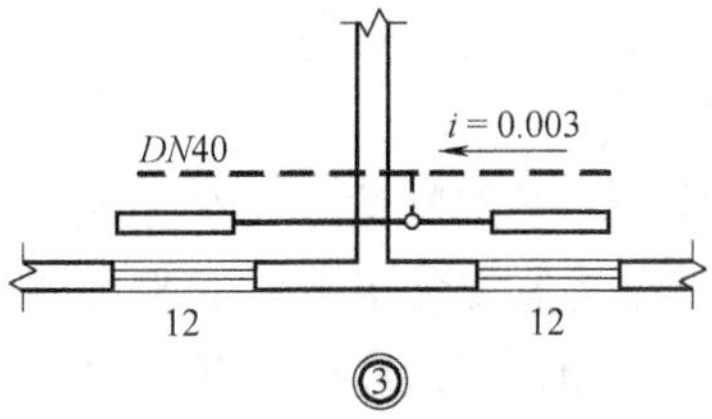 *DN*40　*i* = 0.003　12　12 ③	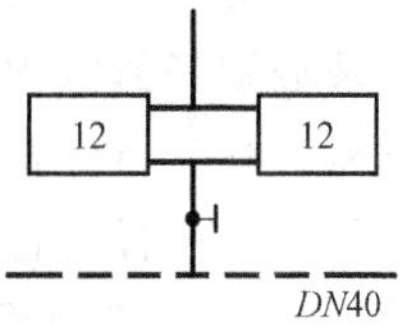 12　12　*DN*40

（4）集气罐安装表示方式　集气罐安装分立式安装和卧式安装两种。立式集气罐安装表示方式如图 8-11 所示。卧式集气罐安装表示方式如图 8-12 所示。

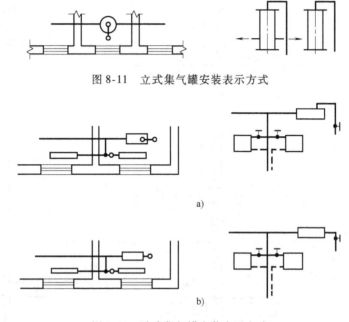

图 8-11　立式集气罐安装表示方式

a)

b)

图 8-12　卧式集气罐安装表示方式

三、室内采暖施工图的组成

一份完整的室内采暖施工图有目录、说明书、设备材料表、平面图、轴测图和详图。

（1）平面图　在平面图上表明散热设备、管道、阀门、集气罐、除污器、进出口的位置、管径、坡度、坡向、设备的规格型号等。

（2）轴测图　根据平面图而绘制的轴测图，表明散热设备、管道、除污器、集气罐等标高、管径、坡度、坡向等。

（3）详图　表示管道与墙的间距、管支架、散热器等的具体安装位置。分散热器安装详图，如图 8-13 所示。

集气罐安装详图、支架安装详图、水箱安装详图等。这些详图可查标准图集。

（4）设计说明书　设计说明书上有热负

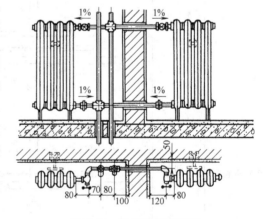

图 8-13　散热器安装详图

荷、室内外温度计算参数、流量、所用管材、散热器规格、保温刷油以及竣工验收等要求。

四、采暖施工图识读

采暖施工图应结合各种图样分析对照，详细阅读，主要掌握系统的特点、进出口位置、室内管道和设备位置及管径、坡度坡向和其他安装事宜。对平面图、轴测图识读可按从供水入口开始，沿热媒流向干管、立管、支管的顺序到散热器；再由散热器开始，从回水支、立、干管到出口止。如某二层楼室内采暖施工图有一层采暖平面图，如图 8-14 所示。

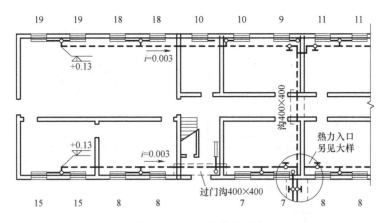

图 8-14　一层采暖平面图

二层采暖平面图如图 8-15 所示。采暖轴测图如图 8-16 所示。进出口节点详图如图 8-17 所示。

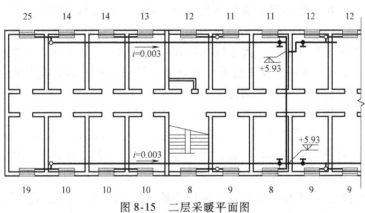

图 8-15　二层采暖平面图

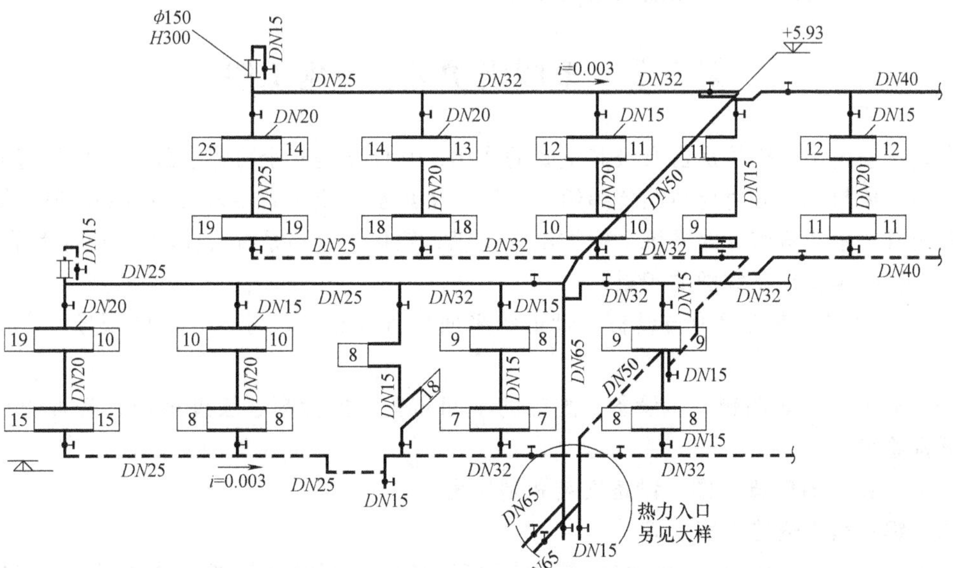

图 8-16　采暖系统轴测图

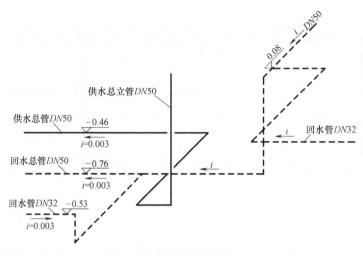

图 8-17　进出口节点详图

从平面图可以看出：散热器在窗口下处明装，并注有各组散热器的片数，例如朝南第一开间为 15 片，南北第一开间为 19 片，楼梯间为 18 片等。每两组散热器与立管相连，供水干管在第二层，回水干管在底层，此系统为单管上供下回式。供回水干管在平面图上布置为"工"字形，为分支式；在一二层平面图中分别注有供、回水干管的坡度坡向；热力入口在一层的东南角，并注有供回水总管的标高。

从轴测图上可见整个采暖系统的空间关系，供水总干管自一层入户后，接向上的供水总立管，总立管向上至二层顶棚下（标高 5.980m 处）分为南北两个支路，呈"工"字形布置，从每支管路干管分别向下与各立管相连，先后通过二层与一层的散热器，再接入回水干管。回水干管在一层地面上，呈"工"字形布置，南北两回水支路汇合于回水干管，由原热力入口处引至室外。由于热力入口在平面图和轴测图还不能完全表示清楚，从节点详图可以看出供回水总管的管径、坡度坡向与标高。

第二节　采暖锅炉房管道施工图

在采暖系统中，锅炉房占有极其重要的作用，其任务是安全可靠、经济有效地将燃料的化学能转变成热能，并将此热能传递给水，以产生热水或蒸汽满足采暖的需要，所以锅炉房管路系统有热水或蒸汽管路系统、锅炉给水系统、软化水管路系统 、锅炉排污排水系统等。

一、锅炉房供热系统图的组成

（1）平面图　表明锅炉与设备、管道的平面位置及有关尺寸，它们的型号、规格和管径等。

（2）轴测图　表明管道、设备、阀门的空间布置，如标高、坡度坡向，各种管道的轴测图分别绘出。

（3）详图　有管支架图、设备安装和制作图等。

二、锅炉房管道施工图识读

锅炉房管道施工图应以锅炉的位置、进出口为中心，结合各图样对照查阅。锅炉是如何进水的，又如何出水的，进水管上有何设备、阀门、管件，出口管上有何设备、阀门、管件，分别找出它们的型号、位置及有关尺寸。以某热水采暖锅炉房为例，其平面图如图 8-18 所示，轴测图如图 8-19 所示。

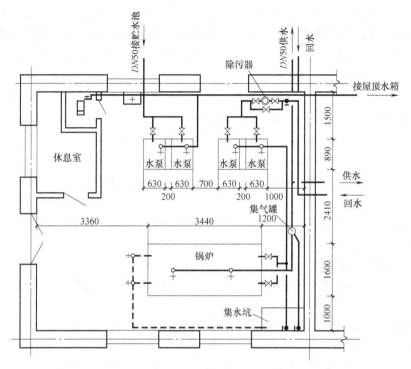

图 8-18 锅炉房平面图

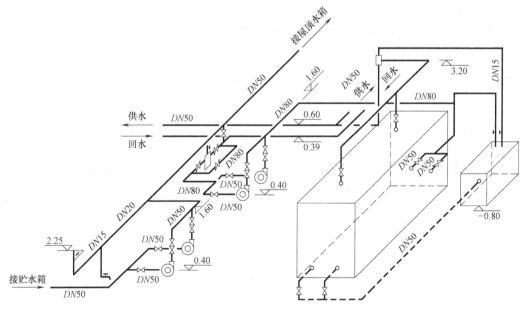

图 8-19 锅炉房轴测图

从平面图上看出：锅炉房有一台卧式轿车式热水锅炉，循环水泵、生活水泵各两台，型号都是 2BA-6，另有 DN80mm 立式除污器、洗脸盆、蹲式大便器、积水坑各一个。

对照平面图看轴测图，锅炉上部有两个热水出口，用 $DN80mm$ 的水平管连接起来，引向锅炉的尾部，向左拐弯沿墙敷设，最高点装集气罐一个，排气管径为 $DN15mm$，引向集水坑的上部。从集气罐下部分出两条供水管，一条从东向穿墙引出，另一条从北向穿墙引出，管径都是 $DN50mm$。两条回水管在东北墙角处汇合，通过立式除污器（带旁通管），进入循环水泵（其中一台备用），出水管沿东墙敷设，从锅炉下部联箱进入锅炉，锅炉定期排污，排污管在炉前，埋地敷设，通入集水坑。

两台生活给水泵，其中一台备用。上水从北墙下接水泵入口，出水管一路供洗脸盆和蹲式大便器高位冲洗水箱冲洗，一路沿北墙向东引出，并分出一支与除污器前的回水干管相连，作为采暖系统补充水用。锅炉尾部烟道水平直接引出与烟囱连接。

第三节　室外供热管道施工图

由锅炉房出来至建筑物内入口之间的管道称室外供热管道。室外供热管道敷设有架空、沿地面、地沟等方式。

其施工图样主要有：

（1）平面图　平面图表明管道、阀门、设备、检查口的平面位置、尺寸、管径、坡度坡向、型号和规格。

（2）剖面图　表明平面图上所示的管道及构筑物（地沟、管架）在纵、横立面上的布置情况，并将在平面图上无法表示的地方表达清楚。

（3）详图　表明各支处、配件室、阀门平台、伸缩器、支架、管道的安装要求。

室外管道施工图的识读方法和要求　应搞清管道从哪来又到哪去，中间又经何处，管径多大，何处变径变向，有何支架和设备，结合各图样，细细分析。也就是说，沿热媒流向，从主干管（即大管）到分支管（即小管）进行识读。以某厂空调和生活用汽室外供热管道施工图为例，管道平面图如图 8-20 所示。

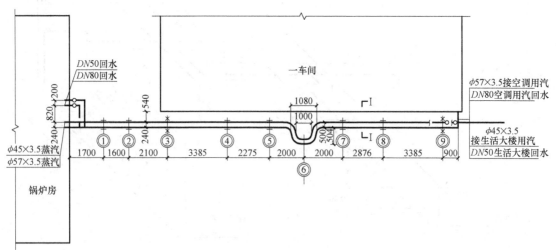

图 8-20　室外蒸汽管道平面图

室外蒸汽管道纵断面图如图 8-21 所示。为表明管道支架与建筑物的关系，其蒸汽管道Ⅰ—Ⅰ断面图如图 8-22 所示。

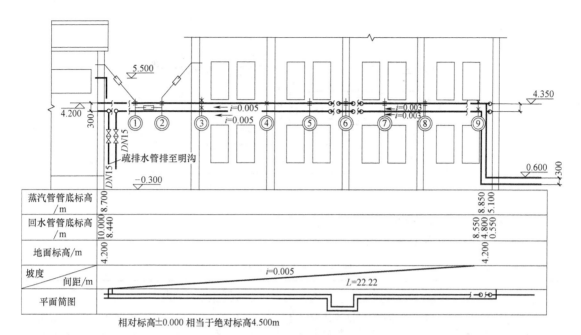

图 8-21　室外蒸汽管道纵断面图

从平面图和Ⅰ—Ⅰ断面图可以看出蒸汽管道有两
条，一条供空调用，$\phi57mm \times 3.5mm$，另一条供生活
用，$\phi45mm \times 3.5mm$，两者在车间尽头标高为 4.35m。
与它们对应的有两条蒸汽凝结水管，分别为 $DN80mm$
和 $DN50mm$，尽头标高为 4.35m，均与一车间架墙敷
设，坡度为 $i = 0.003$。空调用汽管与生活用汽管道之
间的距离为 240mm，空调用汽管离墙距离 540mm。在
车间外中部均设 π 型伸缩器。从平面图上可知支架的
间距尺寸，从横断面图上可知支架用槽钢制成，以抱
柱形式固定在车间外墙里面的柱子上。从纵断面图可

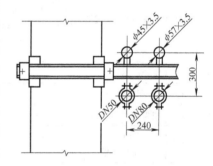

图 8-22　蒸汽管道Ⅰ—Ⅰ断面图

以看出回水管道在锅炉房墙外登高前是系统的最低点，在此处设置了带双阀门的 $DN15mm$
排水管至明沟。从平面图和纵断面可以看出，空调用汽管道至车间尽头，拐弯送入车间内，
生活用汽管道则从相对标高 4.350m 返下至标高 0.600m，沿地面敷设送往大楼。

第四节　空调管道工程施工图

空调即为空气调节，在某些特殊建筑物和场合需保持空气的一定温度、湿度、清洁度，
为此而设置的一整套通风系统称为空调系统。空调系统示意图如图 8-23 所示。

空气从空气调节器（简称空调器或空调箱）左端百叶窗进入，经过滤器、喷水室、加
热器的热湿处理，再由通风机、管道送入空调房间。为节约能源，回风管中的一部分空气回
到空调器，与新鲜空气混合后再送往空调房间。喷水室所用的水为冷冻水，由制冷设备
提供。

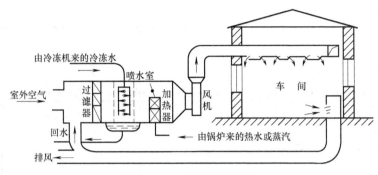

图 8-23 空调系统示意图

一、空调管道施工图图例

1）水、汽管道代号见表 8-3。

表 8-3　水、汽管道代号

序号	代号	管道名称	备注	序号	代号	管道名称	备注
1	RG	采暖热水供水管	可附加1、2、3等表示一个代号、不同参数的多种管道	21	ZB	饱和蒸汽管	可附加1、2、3等表示一个代号、不同参数的多种管道
2	RH	采暖热水回水管	可通过实线、虚线表示供、回关系省略字母G、H	22	Z2	二次蒸汽管	—
				23	N	凝结水管	—
3	LG	空调冷水供水管	—	24	J	给水管	—
4	LH	空调冷水回水管	—	25	SR	软化水管	—
5	KRG	空调热水供水管	—	26	CY	除氧水管	—
6	KRH	空调热水回水管	—	27	GG	锅炉进水管	—
7	LRG	空调冷、热水供水管	—	28	JY	加药管	—
8	LRH	空调冷、热水回水管	—	29	YS	盐溶液管	—
9	LQG	冷却水供水管	—	30	XI	连续排污管	—
10	LQH	冷却水回水管	—	31	XD	定期排污管	—
11	n	空调冷凝水管	—	32	XS	泄水管	—
12	PZ	膨胀水管	—	33	YS	溢水（油）管	—
13	BS	补水管	—	34	R_1G	一次热水供水管	—
14	X	循环管	—	35	R_1H	一次热水回水管	—
15	LM	冷媒管	—	36	F	放空管	—
16	YG	乙二醇供水管	—	37	FAQ	安全阀放空管	—
17	YH	乙二醇回水管	—	38	O1	柴油供油管	—
18	BG	冰水供水管	—	39	O2	柴油回油管	—
19	BH	冰水回水管	—	40	OZ1	重油供油管	—
20	ZG	过热蒸汽管	—	41	OZ2	重油回油管	—
				42	OP	排油管	—

2）水、汽管道阀门和附件图例见表 8-4。

表 8-4　水、汽管道阀门和附件图例

序号	名　称	图　例	备　注	序号	名　称	图　例	备　注
1	截止阀		—	23	漏斗		—
2	闸阀		—	24	地漏		—
3	球阀		—	25	明沟排水		—
4	柱塞阀		—	26	向上弯头		—
5	快开阀		—	27	向下弯头		—
6	蝶阀			28	法兰封头或管封		—
7	旋塞阀		—	29	上出三通		—
8	止回阀			30	下出三通		—
9	浮球阀		—	31	变径管		—
10	三通阀		—	32	活接头或法兰连接		—
11	平衡阀		—	33	固定支架		—
12	定流量阀		—	34	导向支架		—
13	定压差阀		—	35	活动支架		—
14	自动排气阀		—	36	金属软管		—
15	集气罐、放气阀		—	37	可屈挠橡胶软接头		—
16	节流阀		—	38	Y 形过滤器		—
17	调节止回关断阀		水泵出口用	39	疏水器		—
18	膨胀阀		—	40	减压阀		左高右低
19	排入大气或室外		—	41	直通型（或反冲型）除污器		—
20	安全阀		—	42	除垢仪		—
21	角阀		—	43	补偿器		—
22	底阀		—				

（续）

序号	名　称	图　例	备　注	序号	名　称	图　例	备　注
44	矩形补偿器		—	52	阻火器		—
45	套管补偿器		—	53	节流孔板、减压孔板		—
46	波纹管补偿器		—	54	快速接头		—
47	弧形补偿器		—	55	介质流向	→ 或 ⇒	在管道断开处时，流向符号宜标注在管道中心线上，其余可同管径标注位置
48	球形补偿器		—				
49	伴热管		—	56	坡度及坡向	i=0.003→ 或 →i=0.003	坡度数值不宜与管道起、止点标高同时标注。标注位置同管径标注位置
50	保护套管		—				
51	爆破膜		—				

3）风道代号见表 8-5。

表 8-5　风道代号

序号	代号	管道名称	备　注	序号	代号	管道名称	备　注
1	SF	送风管	—	5	PY	消防排烟风管	—
2	HF	回风管	一、二次回风可附加 1、2 区别	6	ZY	加压送风管	—
				7	P(Y)	排风排烟兼用风管	—
3	PF	排风管	—	8	XB	消防补风风管	—
4	XF	新风管	—	9	S(B)	送风兼消防补风风管	—

4）风道、阀门及附件图例见表 8-6。

表 8-6　风道、阀门及附件图例

序号	名　称	图　例	备　注	序号	名　称	图　例	备　注
1	矩形风管	***×***	宽×高（mm）	6	风管下降摇手弯		—
2	圆形风管	φ***	φ 直径（mm）	7	天圆地方		左接矩形风管，右接圆形风管
3	风管向上		—	8	软风管		—
4	风管向下		—	9	圆弧形弯头		—
5	风管上升摇手弯		—	10	带导流片的矩形弯头		—

（续）

序号	名 称	图 例	备 注	序号	名 称	图 例	备 注
11	消声器			21	防烟、防火阀	*** ***	* * *表示防烟、防火阀名称代号
12	消声弯头		—	22	方形风口		—
13	消声静压箱			23	条缝形风口		
14	风管软接头			24	矩形风口		—
15	对开多叶调节风阀			25	圆形风口		—
16	蝶阀			26	侧面风口		
17	插板阀			27	防雨百叶		
18	止回风阀			28	检修门	J J	—
19	余压阀	DPV DPV		29	气流方向		左为通用表示法,中表示送风,右表示回风
20	三通调节阀		—	30	远程手控盒	B	防排烟用
				31	防雨罩		—

5）风口和附件代号见表 8-7。

表 8-7 风口和附件代号

序号	代号	图 例	备 注	序号	代号	图 例	备 注
1	AV	单层格栅风口,叶片垂直	—	10	DH	圆环形散流器	—
2	AH	单层格栅风口,叶片水平	—	11	E*	条缝形风口,*为条缝数	—
3	BV	双层格栅风口,前组叶片垂直		12	F*	细叶形斜出风散流器,*为出风面数量	—
4	BH	双层格栅风口,前组叶片水平		13	FH	门铰形细叶回风口	
				14	G	扁叶形直出风散流器	
5	C*	矩形散流器,*为出风面数量		15	H	百叶风口	
				16	HH	门铰形百叶回风口	
6	DF	圆形平面散流器	—	17	J	喷口	
7	DS	圆形凸面散流器	—	18	SD	旋流风口	
8	DP	圆盘形散流器		19	K	蛋格形风口	
9	DX*	圆形斜片散流器,*为出风面数量		20	KH	门铰形蛋格式回风口	
				21	L	花板回风口	

（续）

序号	代号	图 例	备 注	序号	代号	图 例	备 注
22	CB	自垂百叶	—	25	W	防雨百叶	—
23	N	防结露送风口	冠于所用类型风口代号前	26	B	带风口风箱	—
24	T	低温送风口	冠于所用类型风口代号前	27	D	带风阀	—
				28	F	带过滤网	—

6）空调设备图例见表8-8。

表 8-8　空调设备图例

序号	名称	图 例	备 注	序号	名称	图 例	备 注
1	轴流风机		—	7	空气过滤器		左为粗效，中为中效，右为高效
2	轴（混）流式管道风机		—	8	电加热器		
3	离心式管道风机		—	9	加湿器		
4	水泵		左侧为进水，右侧为出水	10	挡水板		
5	空气加热、冷却器		左、中分别为单加热、单冷却，右为双功能换热装置	11	窗式空调器		
				12	分体空调器		
6	板式换热器			13	风机盘管		可标注型号：如 FP-5
				14	减振器		左为平面图画法，右为剖面图画法

二、空调工程管道施工图组成与内容

空调工程管道施工图纸主要有平面图、立（剖）面图、轴测图和详图等。一份完整的图纸还有目录、设计说明、设备材料用表和流程图。文字说明有设计时使用的有关气象资料、卫生标准等基本数据；设备和配件、管件等的型号、规格、尺寸和数量以及防腐保温等。流程图表明整个系统的空气处理、送回风流程。平面图表明空调设备、附属设备、管道、阀门、送排风口的平面位置及有关规格、型号和尺寸；立面图表明它们在立面上的排列和尺寸。轴测图表明管道在空间的曲折交叉的立体图形；详图表明设备、附件、送排风口、阀件等制作与安装位置。

三、空调工程管道的类别及识读

在空调施工图中，管道类别较多，如送回风加热用汽管道、冷却水管道系统、冷冻水管道系统、制冷管道系统。

以送排风系统为例，读图时应沿风的流向，分清送排风系统的范围。送风系统指未处理的空气经过滤、加温除湿等过程进入通风机吸入口，由通风机加压送至送风口部分；排风系统由排风口，经过管道至排出口部分。结合各图样对照分析，找出空调器、通风机、送排风口等设备在平面、空间上的位置尺寸，划分通风系统；弄清通风管道、管件、阀门在平面、空间的位置尺寸。某车间空调工程平面图如图8-24所示，其Ⅰ—Ⅰ剖面图如图8-25所示，Ⅱ—Ⅱ剖面图如图8-26所示，Ⅲ—Ⅲ剖面图如图8-27所示，屋面通风平面图如图8-28所示。

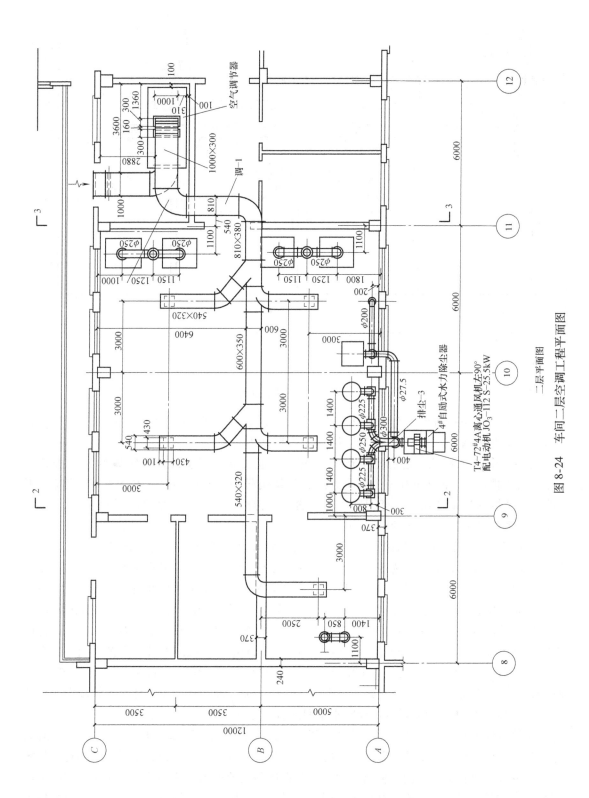

二层平面图

图 8-24 车间二层空调工程平面图

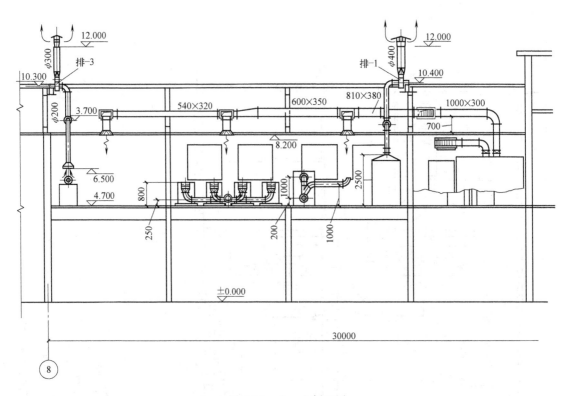

图 8-25 Ⅰ—Ⅰ剖面图

从各剖面图可以看出，空调管道系统布置在二层，从二层平面图可以看出，这个车间有一个空调送风系统，系统编号为"调-1"，如图8-29所示。

还有三个排风系统，它们把生产中产生的有害气体排至室外，系统编号为"排-1"、"排-2"、"排-3"。图中还有一个排尘系统，系统编号为"排尘-3"（本例系统未画），因"排-1"、"排-2"系统相同，可用同一图样表示，标注"排-1""排-2"，如图8-30所示。"排-3"系统图如图8-31所示。

送风系统从平面图、剖面图和"调-1"系统中可以看出室外空气自新风口吸入，经新风口管上方送入送式金属空调器内处理，而后从箱顶部送出。送风干管经水平转弯二次而进入车间顶棚上面，并向车间的前方和后方分出二根支管，各支管端顶部向下接有一段截面为430mm×430mm的竖向管，竖向管下口装有方形直片式散流器，并由此向车间送出处理过的空气。散流器出风口安装在车间顶棚面上，所以在车间里只能看见散流器出风口，而送风干管、支管都看不见。干管经过分出四根支管后，截面减小，再继续伸向左前方的房间进行送风。干管的截面尺寸，从空调器接出时是1000mm×300mm，转弯后变为810mm×380mm，经分出支管后再逐渐变化，最小为540mm×320mm，这些尺寸都在各管段中注出。

从平面图8-24可知空调机房设在本车间的右后方。

排风系统分析如下：从平面图、剖面图及排风系统轴测图可知"排-1""排-2"相同，它们排出车间右部四个工艺设备所产生的废气。管道下端与氨干燥箱上方吸气罩相连。两根支管汇合成一根管道后，向上伸出屋面，与装在屋面上的通风机相连接。通风机出口与一段直径较大的排出管连接。排出管口装有圆伞形风帽，以防雨雪及风倒灌入管内。排出的废气

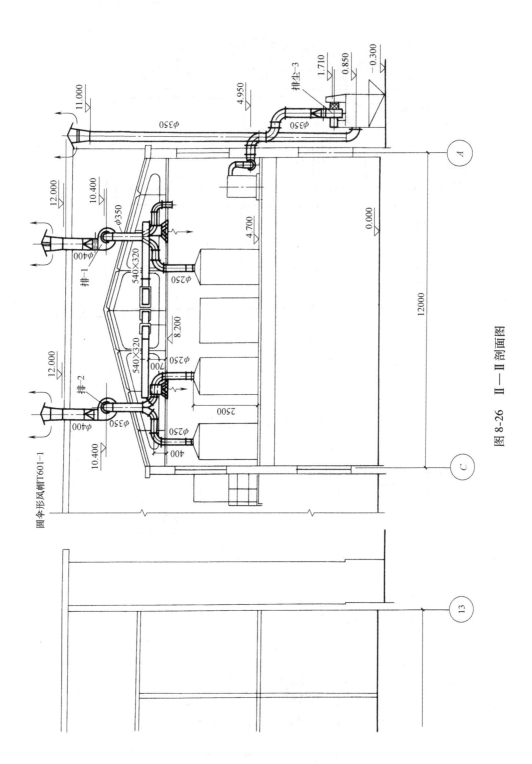

圆伞形风帽T601-1

11.000

φ350

4.950

排尘-3

1.710

0.850

−0.300

12.000

10.400

φ350

排-1

φ400

540×320

8.200

φ250

4.700

0.000

540×320

700

12.000

排-2

φ250

2500

φ400

φ350

400

φ250

10.400

12000

A

C

13

图 8-26   Ⅱ—Ⅱ剖面图

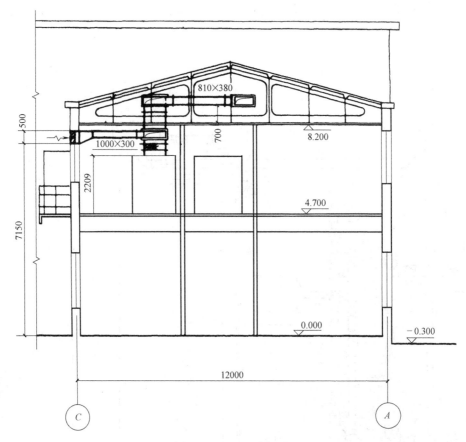

图 8-27　Ⅲ—Ⅲ剖面图

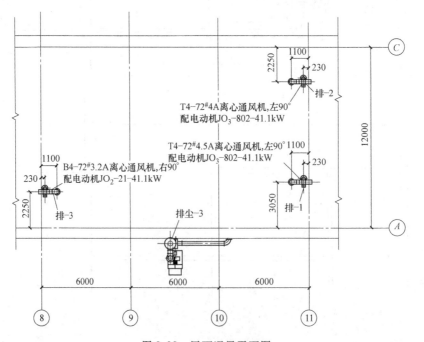

图 8-28　屋面通风平面图

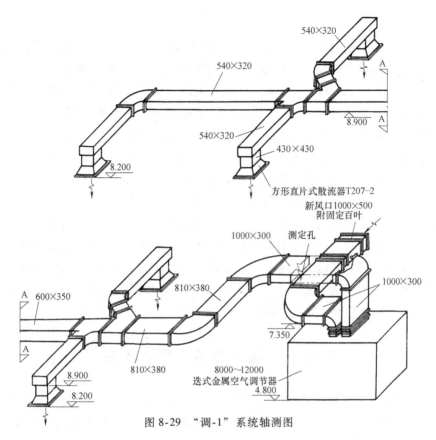

540×320

540×320

540×320

A

8.900

A

8.200

430×430

方形直片式散流器T207-2

新风口1000×500
附固定百叶

1000×300 测定孔

600×350

810×380

1000×300

A

A

7.350

8.900

8.200

810×380

8000～12000
迭式金属空气调节器

4.800

图 8-29 "调-1" 系统轴测图

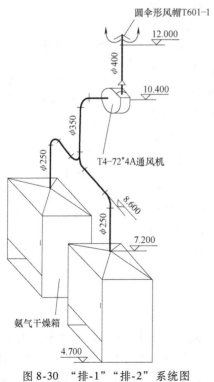

圆伞形风帽T601-1

12.000

φ400

10.400

φ350

T4-72ᵃ4A通风机

φ250

φ250

8.600

7.200

氨气干燥箱

4.700

图 8-30 "排-1""排-2" 系统图

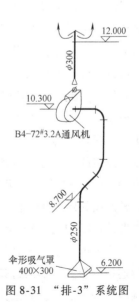

12.000

φ300

10.300

B4-72#3.2A通风机

8.700

φ250

伞形吸气罩
400×300

6.200

图 8-31 "排-3" 系统图

直接排至大气中。

"排-3"是在工艺设备的上方装有一个口为400mm×300mm的伞形吸气罩，把产生的有害气体吸入管道，经过装在屋面上的通风机直接排至大气中。通风机型号是B4-72#3.2A。"排尘-3"系统（排尘-1、排尘-2在底层车间）未画，从二层平面图中可见在车间前部靠近窗口处有四个圆形的工艺设备和它相连成一体的吸气罩，有四根支管连接而汇合于一根φ300mm管道后，通往车间外。另外在这四个圆形设备的右方有方形设备及吸气罩（两者由φ200mm的管道相连接），它们和另一根 φ275mm 的管道汇合后通向室外，并再与上述φ300mm管道汇合成 φ350mm 的管道通往4#自励式水力除尘器，把含尘空气中的粉尘除去，清洁的空气则经与风机连接的管道送到屋面之上而排至大气中。

应该指出的是，空调轴测图管线有单线图和双线图两种表示方式。单线图用单线条表示管道，而通风机、吸尘罩之类的设备仍画成简单外形轴测图。双线条系统轴测图是把整个系统的设备、管道及配件都用轴测投影的方法画成立体系统，其优点是比较形象化，管道形状的变化能清楚地表达，但较烦琐费时，因此在设计中除非特别需要，可不画双线系统轴测图，如"排-1""排-2""排-3"系统图。

第五节　制冷管道工程施工图

识读空调用制冷管道施工图，应首先掌握制冷原理。它是利用"液体气化要吸收热量"的物理特性，通过制冷剂的热力循环，以消耗机械能作为补偿条件来达到制冷的目的。压缩式制冷主要由制冷压缩机、冷凝器、膨胀阀和蒸发器四个部件组成，并用管道连接，组成一个封闭的循环系统，如图8-32所示。

制冷剂在制冷系统中经历蒸发、压缩、冷凝和节流等四个过程。压缩式制冷系统，根据所采用的制冷剂不同而分氨制冷系统和氟里昂制冷系统两类。在两类制冷系统中，除具备上述四个主要部件外，为保证系统的正常运转，还需配备一些辅助设备，包括油分离器、贮液器、过滤器和自动控制器件等。此外，氨制冷系统还配有集油器和紧急泄氨器等；氟利昂系统还配有热交换器和干燥器等。把主要设备和辅助设备连接在一起就成为制冷机组。在懂得了制冷的基本原理

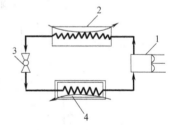

图8-32　蒸汽压缩式
制冷工作原理图

1—压缩机　2—冷凝器
3—节流阀　4—蒸发器

后，沿着制冷剂的流向分清设备、管道、阀门、仪表等的型号、规格和尺寸。以某型冷库制冷工程为例，图8-33为其平面图。

系统轴测图如图8-34所示。

管道安装详图如图8-35所示。

从平面图上可以看出氟利昂冷冻机 JZS-ZF6.3 单独在一房间内，从制冷机组上出来两根管分别为连接排管蒸发器的进口和出口其他两根管，其中一根为供水管，另一根为排水管，用于冷凝器冷却水之用。蛇形排管装置在前、后、中间墙上，具体安装见详图。排管为纯铜

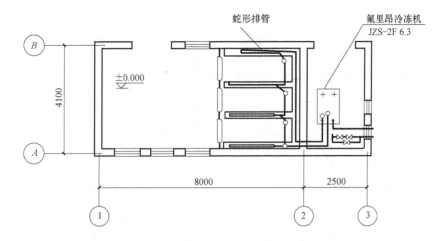

图 8-33 冷库管道平面图

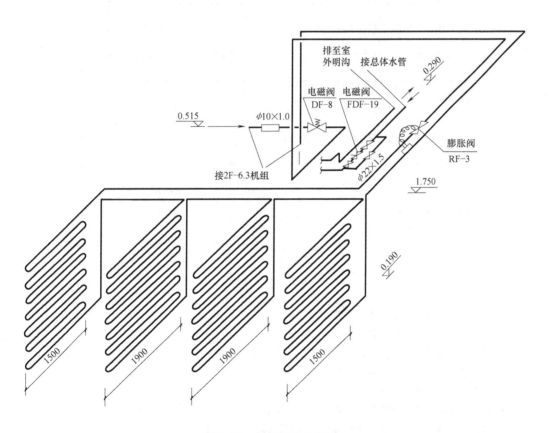

图 8-34 冷库管道轴测图

管压弯并用角钢∟50×50×4、M6U 螺栓固定，排管中心间距为 120mm，纯铜管管径为 $\phi22mm×1.5mm$。从轴测图上可以看出在排管蒸发器装有 RF-3 膨胀阀，排管宽度 1500mm，管最高标高为 1.750m，最低标高为 0.190m，进水管上电磁阀规格为 FDF-19，由制冷机组出来接蒸发器的管道上装有 DF-8 电磁阀。

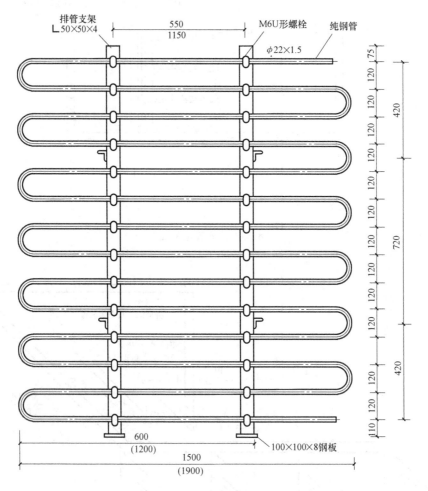

图 8-35 蒸发排管安装详图

复 习 题

1. 什么叫采暖工程？其基本组成有哪些，试用图示之。

2. 采暖系统有哪三类？画出各原理图。

3. 采暖干管有几种形式？散热器与管道连接在上、中、下层的平面图和轴测图上如何表示？

4. 室内采暖施工图样主要有哪些？其作用如何？

5. 如何识读室内采暖施工图？

6. 锅炉房管道施工图样有哪些？各起何作用？应如何识读？

7. 室外供热管道施工图的特点是什么？应如何识读？

8. 画出空调系统示意图，并叙述其组成。

9. 如何识读空调施工图？

10. 画出制冷原理图，应如何识读制冷施工图？

11. 对某建筑采暖施工图进行识读：一层采暖平面图如图 8-36 所示；二层采暖平面图如图 8-37 所示；三层采暖平面图如图 8-38 所示；采暖轴测图如图 8-39 所示。

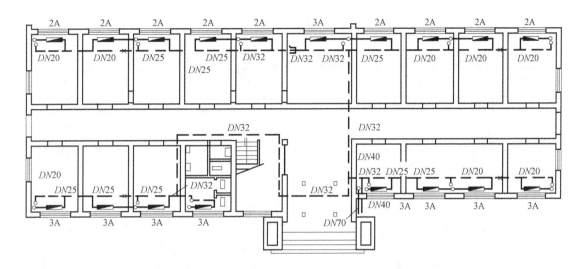

图 8-36 一层采暖平面图

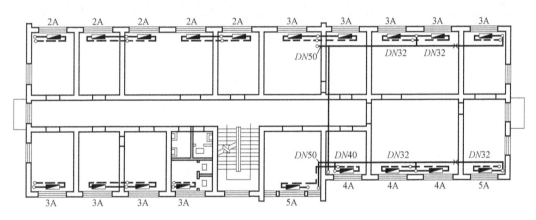

图 8-37 二层采暖平面图

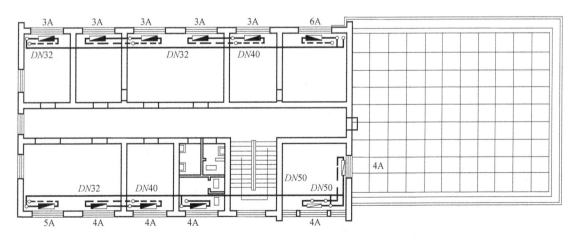

图 8-38 三层采暖平面图

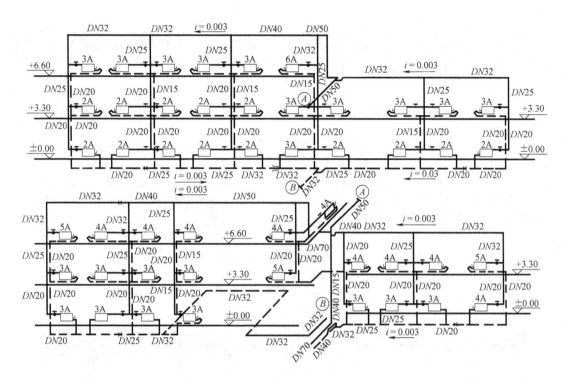

图 8-39　采暖轴测图

第九章 动力站（房）管道施工图

　　动力站（房）管道系指空气压缩机站、氧气站、煤气站、乙炔站、供油站等内的管道，这些管道内输送的流体介质主要是用于动力，故统称为动力管道。本章介绍各动力介质生产输送的流程，为识读其管道施工图打下基础。

第一节　空气压缩机站管道施工图

　　空气压缩机站生产压缩空气，用于驱动气动机器或气动工具。压缩空气的生产工艺流程可简述如下：将来自大气中的空气首先经过空气过滤器，除去其中的尘粒和其他杂质，进入空气压缩机吸入口，经压缩机一级压缩后，空气的压力和温度都有一定的升高，然后送入中间冷却器降温，再送入压缩机进行二级压缩，压缩后再冷却又再压缩直至达到使用的压力，最后将它排入贮气罐，由贮气罐排出阀门送入压缩空气总管，并由支管分送到各用气点。上述流程可用图 9-1 说明。

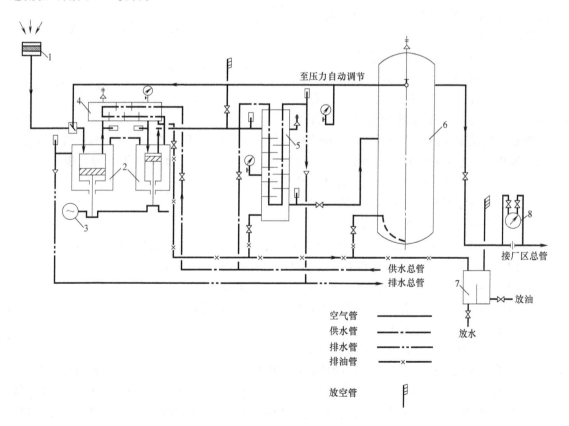

图 9-1　压缩空气工艺生产流程

1—过滤器　2—空气压缩机　3—电动机　4—中间冷却器　5—后冷却器　6—贮气罐　7—废油沉淀箱　8—计气表

中间冷却器和后冷却器用于降低压缩空气的温度，使压缩空气中的水蒸汽和从压缩机气缸内带出来的润滑油的油雾冷却成液体，与压缩空气分离。贮气罐用以缓和生产和用户间的不均衡，并稳定用户所需压力，也可以进一步分离和排出油和水。由各级冷却器和贮气罐分离与排出来的油和水，经排污管道输送至废油沉淀箱，再从沉淀箱上部放出废油，经处理后再重复利用。从沉淀箱下部排出污水，排入污水管道系统。压缩机用水冷却。冷却水先进入中间冷却器，再进入二级气缸水套，然后进入一级气缸水套，最后进入冷却塔冷却，以便循环使用。

一、空气压缩机主要设备和主要管道类别

空气压缩机站的主要设备有空气压缩机，用于压缩空气来提高空气的压能。其他附属设备有冷却器、空气过滤器、贮气罐、废油沉淀箱，其布置如图9-2所示。

主要管道有空气管、压缩空气管、供水管、排水管、排油管，还有负荷调节管及放散管等。空气管指由大气经过过滤器进入空气压缩机前的管道；压缩空气管指从空气压缩机进气管到贮气罐后的输气管道；冷却水管输送用来冷却空气压缩机气缸、冷却器、润滑油的冷却水；排油管用于排出空压机内由压缩空气所带出来的润滑油，负荷调节管指从贮气罐到空气压缩机入口处减荷的一段管道，利用从贮气罐回流气体压力的变化，自动打开或关闭阀瓣，用以控制系统的供气量；放

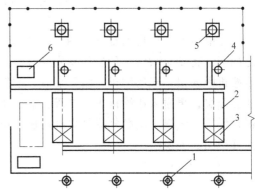

图9-2　空气压缩机站内设备平面布置
1—空气过滤器　2—空气压缩机　3—电动机　4—后冷却器
5—贮气罐　6—废油沉淀箱

散管指空气压缩机到后冷却器或贮气罐之间排气管上安装的手动排气管，该放散管可以使空气压缩机空载起动和停机后放掉该管段中残留的压缩空气。废油沉淀箱上的放散管直通大气，防止沉淀箱承受压力，便于从箱中排出废油和水。

二、空气压缩机站管道施工图的组成

空气压缩机站管道施工图组成有：

（1）平面图　表明站内主要设备的平面布置以及上述各类管道的平面布置及走向。

（2）立（剖）面图　表明设备、管道在立面上的分布、排列。

（3）轴测图　表明管道、设备在空间的具体位置及其相互关系。

（4）详图　表明设备的具体安装以及管道与设备的细部连接，用以由平面图、立（剖）面图、轴测图所不能表示清楚的地方。

三、空气压缩机站管道施工图的识读

识读空气压缩机站管道施工图的要点：要熟知空气压缩机站的生产工艺流程图，结合平面图、轴测图、立（剖）面图等图样，从空气过滤器、空气压缩机进口、出口、冷却器、贮气罐之间所连接的空气管道，识读空气管道施工图，同时结合各图样识读其他附属管道施工图。某空气压缩机站平面布置图，如图9-3所示。该流程从空气过滤器3进入空气压缩机1，经过压缩输送至后冷却器4，再至贮气罐5，最后输送站外总管。

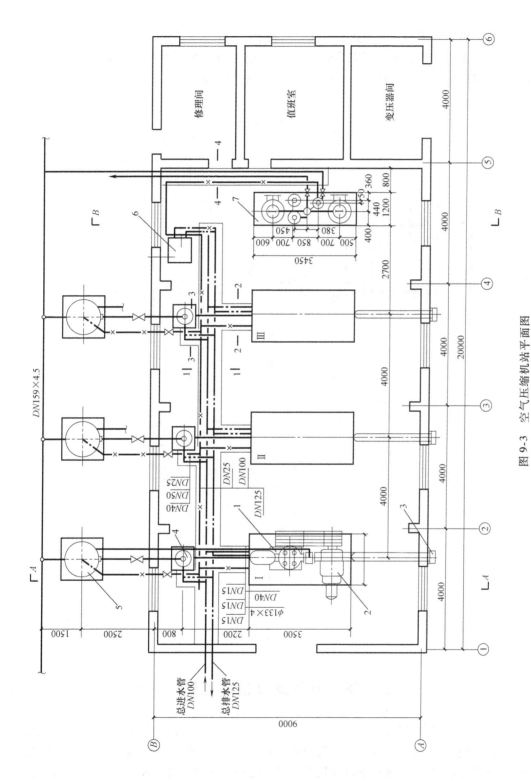

图 9-3　空气压缩机站平面图

1—空压机　2—电动机　3—空气过滤器　4—后冷却器　5—贮气罐　6—废油收集器　7—空气干燥设备

从平面图所示图例可以分清空气管、供水管、回水管以及各设备中排出的废油废水而连接的油水管。

该站内的设备及管道排列与布置，用剖面图表示，如图9-4所示。

识读空气压缩机站管道施工图应着重了解以下两点：①设备的型号、安装尺寸以及进出口的方向；②管道的种类、管径、标高以及与设备的连接情况。

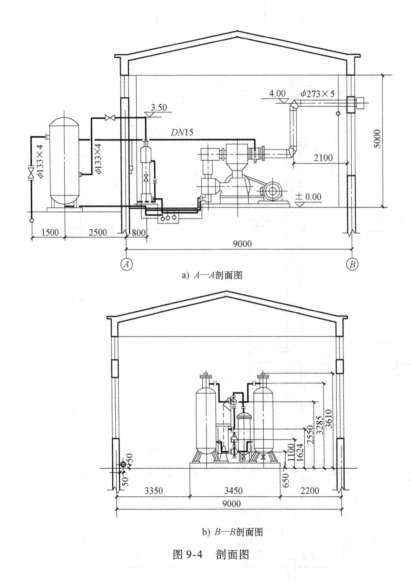

a) A—A剖面图

b) B—B剖面图

图9-4　剖面图

第二节　氧气站管道施工图

氧气站用于生产和输配氧气。氧气制取方法很多，在工业上制氧有电解水制氧及深度冷冻法分离空气制氧。深度冷冻法分离空气制氧是将空气压缩冷却，再压缩冷却，这样反复压缩和冷却，降低压力使空气冷却下降到很低的温度而使空气变成液体液态空气中各种液态气体的，利用沸点不同控制温度，而使氧气从空气中分离出来。开始时沸点低的氮蒸发，随着氮的蒸发，液态空气内氧气逐渐增多，此过程进行多次重复，而达到氧气分离出来的目的。其生产流程是：空气中灰尘和机械杂质由空气过滤器清除，进入到空压机中压缩，压缩空气中的水分、二氧化碳、乙炔通过设备清除，然后把空气冷却、液化、精馏、分离成氧和氮。制氧的流程有高压、中压、低压三种，而中小型制氧装置多采用中压流程。大型制氧装置多采用低压流程。以中压制氧流程为例，如图9-5所示。

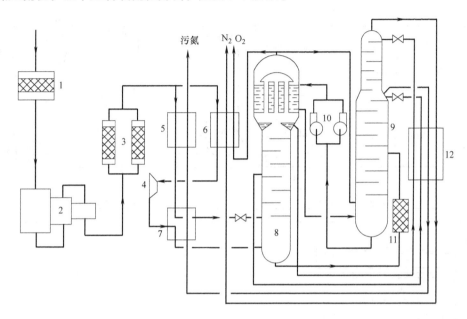

图 9-5　中压制氧流程

1—空气过滤器　2—空气压缩机　3—分子筛纯化器　4—透平膨胀机　5—污氮热交换器　6—氧、氮热交换器
7—液化器　8—下塔　9—上塔　10—液氧泵　11—液空吸附器　12—液氮过冷器

大气中的空气经过空气过滤器1清除尘粒和其他杂物，进入到空气压缩机2，经压缩至分子筛纯化器3去掉水分、二氧化碳、乙炔等气体。净化后的空气分两路，一路在氧、氮热交换器6中冷却后进入透平膨胀机4再到下塔的底部；另一路在污氮热交换器5中冷却后经节流进入下塔8。下塔底部的液体空气经液空吸附器11净除乙炔后，节流进入上塔9的顶部，参与上塔的精馏。在下塔8中部出来的不纯液氮，经液氮过冷器12过冷后节流进入上塔9的污氮入口处，参与上塔的精馏。

上塔与下塔分开并列布置，以便降低高度。上塔9底部的液氧通过液泵10打入下塔顶部的冷凝蒸发器管间，蒸发后的氧气一部分返回上塔9参与精馏，一部分作产品送入热交换器回收冷却后出装置。纯氮、污氮出上塔后在过冷器和热交换器中复热后出装置。

一、氧气站的主要设备和主要管道类别

从流程图中可见，氧气站主要设备有精馏塔和空气压缩机、透平膨胀机。其他辅助设备有空气过滤器、纯化器、热交换器、过冷器、氧压机等。从流程图中可知管道有空气管、氧气管、氮气管、供水管、回水管、蒸汽管、油管、碱液管、氨气管等。

二、氧气站管道施工图识读

氧气站施工图有设备安装图、管道安装图两种。设备安装图分平面布置和立面图、详图等。设备平面图表明各种设备在站房内的布置和有关具体尺寸，而立面图表明设备在立面上的位置和有关尺寸，识图时应对照看。某制氧站设备平面图和剖视图如图9-6所示。

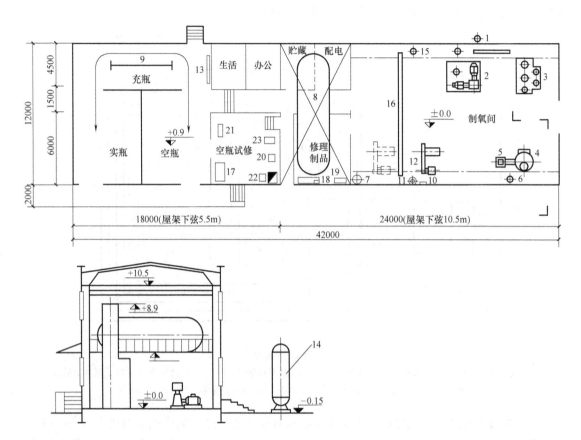

图9-6 某制氧站设备布置方案

1—吸气管 2—空压机 3—纯化器 4—精馏塔 5—加热炉 6—水封器 7—膨胀机 8—贮气囊 9—灌充器 10—上蒸馏水箱 11—下蒸馏水箱 12—氧压机 13—氧气转换控制器 14—中压贮气罐 15—废油器 16—单梁起重机 17—钳工台 18—台钻 19—砂轮机 20—水压泵 21—瓶阀拆卸器 22—气瓶洗涤架 23—磅称

设备基础等应参考详图。

氧气站管道施工图有平面图、立（剖）面图、轴测图、详图等。识读时应看清图例，对应分清各种管道。从流向找出管道的来龙去脉，具体有管道走向、管径、坡度、坡向及其与设备的关系，结合平面图，仔细分析找出各种管道与设备的连接情况。双级精馏塔配管如图9-7所示。

由图9-7可见，塔上有空气进入管，纯氧、纯氮出管以及塔各部分连接管等。

氮水预冷系统如图9-8所示，其配管应根据流向进行各类管道的施工。

识读制氧站的管道施工图时，一定要注意单个设备的管道安装情况，可以归纳如下：①通过流程图分析弄懂工艺过程；②通过平面图了解设备、管道的布置及尺寸；③通过单元图认真分析各种设备的配管情况及尺寸。

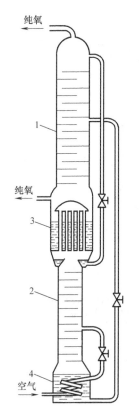

图 9-7 双级精馏塔配管

1—上塔 2—下塔 3—冷凝蒸
发器 4—塔釜

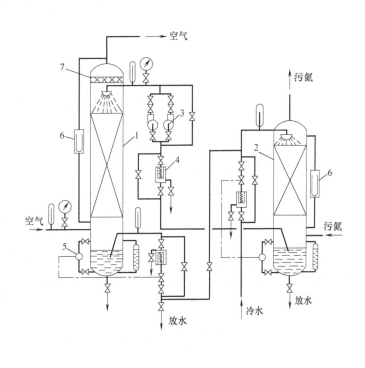

图 9-8   氮水预冷系统

1—空气冷却器 2—水冷却塔 3—水泵 4—水过滤器 5—气动浮筒
式液面调节器 6—阻力测定计 7—不锈钢脱水网

第三节   乙炔站管道施工图

乙炔站用于生产和输送乙炔气，乙炔气是通过电石（碳化钙）水解产生的。混合乙炔生产流程图如图 9-9 所示。

电石在发生器 2 内水解产生乙炔气，经过洗涤净化，进入乙炔压缩机产生高压，灌入瓶内供用户使用。

一、乙炔站管道类别和设备

根据用途乙炔站主要管道有乙炔气管道、供排水管道、乙炔放散管。乙炔管道用于输配乙炔气和瓶装；乙炔气放散管用于排出设备及管道内的乙炔；供排水管输配水满足电石水解和乙炔气洗涤净化等要求。主要设备依生产流程而定，常见有乙炔发生器，辅助设备有乙炔洗涤器、贮气罐、水封、化学净化器、干燥器、压缩机等。

二、乙炔站管道施工图

乙炔站施工图有设备安装图和管道施工图，设备图有平面布置图、剖面图、安装详图等。管道图有平面图、立（剖）面图、轴测图、详图等。

某乙炔站设备平面图和剖面图如图 9-10 所示。

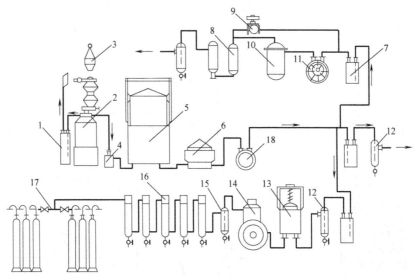

图 9-9　混合乙炔生产工艺流程

1—水封　2—乙炔发生器　3—电石吊斗　4—洗涤器　5—贮气罐　6—化学净化器　7—低压水封　8—中压水封
9—转换开关　10—冷却器　11—水环式压缩机　12—气水分离器　13—平衡器　14—乙炔压缩机　15—高压
油水分离器　16—组式干燥器　17—灌瓶器　18—计量器

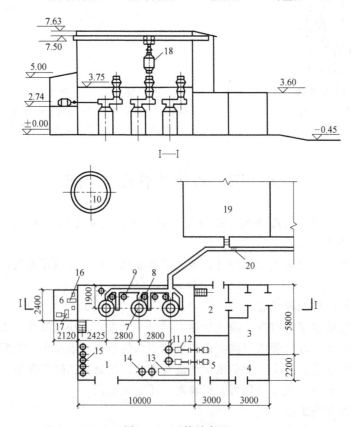

图 9-10　乙炔站布置

1—乙炔发生器间　2—装料间　3—中间电石库　4—修理间　5—电气间　6—卷扬机间　7—电石入水式乙炔发生器
8—低压水封器　9—洗涤器　10—贮气罐　11—气水分离器　12—SZ-4 水环式压缩机　13—中压安全水封器
14—气水分离器　15—氮气瓶组　16—起重卷扬机　17—卷扬机　18—吊斗　19—渣坑　20—闸板

识读管道施工图时根据流体介质种类分清管道类别，并识别它们在平面图、立面图以及轴测图上的位置、走向、管径和各设备的连接情况。低压水入电石式乙炔发生器，如图9-11所示。

从图9-11可知，电石在发生器内水解产生气体，故有给水管、排污管、乙炔排气、出气管及管上各种管件和阀门。

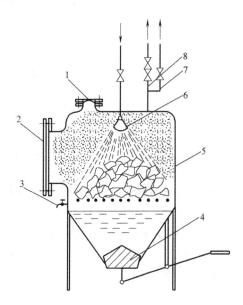

图9-11　低压水入电石式乙炔发生器

1—防爆膜　2—装料口　3—排水阀　4—排渣口　5—筒体　6—进水喷头　7—放空管　8—乙炔出口至贮气罐

第四节　煤气站管道施工图

煤气站用于生产和输送煤气，煤气站分热煤气发生站和冷煤气发生站。热煤气站一般工艺流程为：煤气发生炉—除尘器—盘形阀—热煤气总管，如图9-12所示。

冷煤气发生站一般工艺流程为：煤气发生炉→冷却器→洗涤器→排送机→除滴器→总管→用户管，回收焦油的冷煤气站工艺流程，如图9-13所示。

一、煤气发生站管道类别和设备

煤气发生站主要设备有煤气发生炉；辅助设备有除尘器、竖管冷却器、洗涤塔、焦油除去器、煤气排送机等；主要管道有鼓风管路、蒸汽管路、冷却水管路、煤气管路、除油除渣管路、排水管路、放散管路等。

二、煤气站施工图组成和识读

煤气站施工图有设备安装图，分平面图、剖面图和详图。平面图表明设备的平面布置和建筑物的关系，如图9-14所示。剖面图表明设备在立面上的位置如图9-15所示。详图表明设备的具体安装情况。

管道施工图有平面图、立（剖）面图、轴测图、详图等。

识读煤气站施工图，首先应清楚整个生产工艺流程，仔细分析各个设备的接管。然后结合施工图样，反复对照，弄清楚各种管道的来龙去脉及它们的管材、规格、安装位置与尺寸。

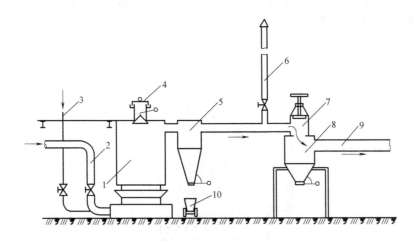

图 9-12　热煤气发生站的工艺流程

1—煤气发生炉　2—空气管道　3—蒸汽管道　4—煤斗　5—除尘器　6—放散管

7—盘形阀　8—煤气总管　9—通往用户管　10—推车

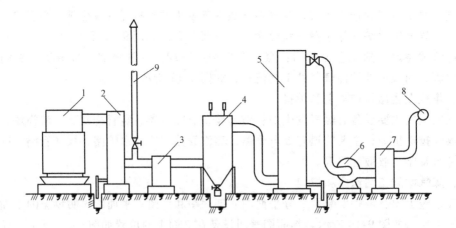

图 9-13　回收焦油的冷煤气站工艺流程

1—煤气发生炉　2—竖管冷却器　3—水封槽　4—静电除尘器　5—洗涤塔

6—排送机　7—除滴器　8—总管　9—放散管

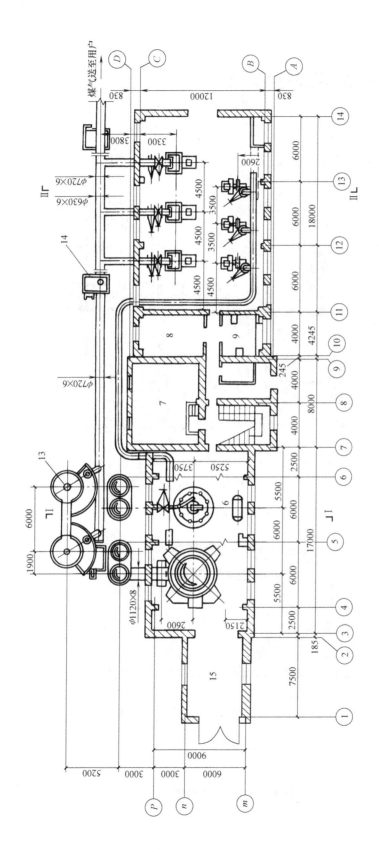

图 9-14 煤气站平面图

1—发生炉 2—双竖管冷却器 3—洗涤塔 4—水封阀 5—蝶阀 6—蒸汽包 7—水泵站 8—化验室 9—修理间 10—煤气排送机
11—空气鼓风机 12—手动吊车 13—水平安全阀 14—垂直安全阀 15—除灰间

2

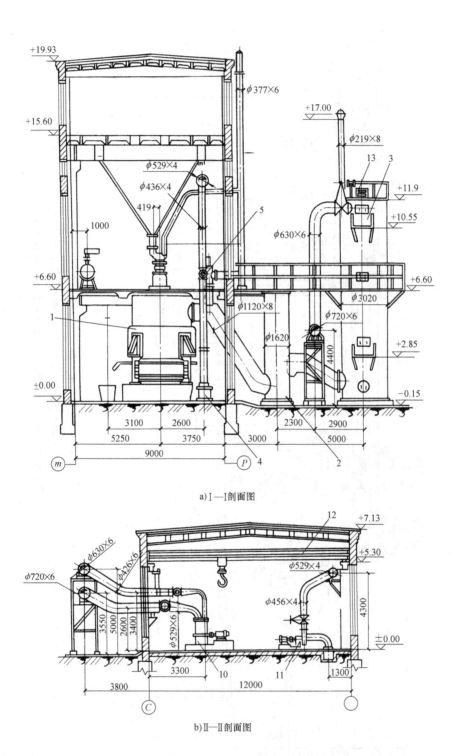

a) Ⅰ—Ⅰ剖面图

b) Ⅱ—Ⅱ剖面图

图 9-15　煤气站剖面图

第五节　供油站管道施工图

供油站又称供油库，其任务是接收进站的油品，通过卸油设备将油从输送设备卸入贮油罐，能安全贮存并及时地、不间断地供给各用户。供油站的工艺流程为：卸油→供油→转罐，其中包括清除油中水分和污油。以重油供油系统为例，如图9-16所示。重油由铁路或公路运来后，用蒸汽将铁路油罐车或汽车油罐车中的油加热，降低其黏度，依靠自流或用泵将油灌入贮油灌，或由输油管道直接送入贮油罐。油在贮油罐内贮存期间，应加热升温沉淀其中的水分和机械杂质以便排入罐外送入污油处理池。锅炉燃油系统，对加热沉淀后的油还应经泵前过滤器进一步过滤其机械杂质后送入供油泵，经升压送入炉前加热器加热，降低黏度，以满足油嘴雾化需要。

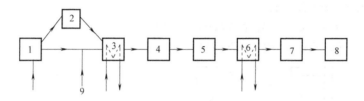

图9-16　重油供油系统

1—输油设备　2—卸油泵　3—贮油罐　4—过滤器　5—供油泵
6—加热器　7—过滤器　8—燃油设备　9—输油管

一、供油站设备及管道

供油站设备有油罐、油泵、过滤器、加热器等；管道有油管、蒸汽加热管、凝结水管、污油排渣管、排水管等。

二、供油站施工图

供油站施工图有设备安装施工图和管道施工图。设备安装施工图包括平面图、立面图及详图等。平面图表明油罐、油泵、过滤器、加热器等在平面上的位置、间距及有关尺寸；立面图表明以上设备在立面上的高度。管道施工图也有平面图、立面图、轴测图、详图，分别表示在平面、立面和空间的位置、管径、坡度等。

油泵设备安装系统图如图9-17所示。图中表示来自油罐的油经除污、加压后送往用户。

供油站管道施工图识读应遵循以下各点：①抓住系统，弄清流向；②沿流向逐一对各设备进、出接管位置分析；③结合各施

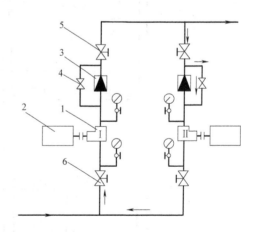

图9-17　油泵站安装系统图

1—油泵　2—电动机　3—止回阀　4—旁通管阀门
5—排出管阀门　6—进油管阀门

工图样反复对照，弄清设备的型号、位置以及管道类别、管径、各种附件等。

复 习 题

1. 试述空气压缩机站压缩空气的生产过程。

2. 空气压缩机站有哪些主要设备和管道？

3. 空气压缩机站施工图有哪两种？如何识读？

4. 试述氧气的生产过程。

5. 制氧站有哪些主要设备和管道？

6. 制氧站施工图有哪两种？如何识读？

7. 试述乙炔生产的原理和过程。

8. 乙炔站施工图有哪些？如何识读？

9. 煤气站有哪些主要设备和管道？

10. 煤气站施工图有哪些？如何识读？

11. 供油站有哪些主要设备和管道？

12. 油泵站系统的组成有哪些？如何识读油泵站施工图？

13. 对某空压机站施工图进行识读（见图9-18）。

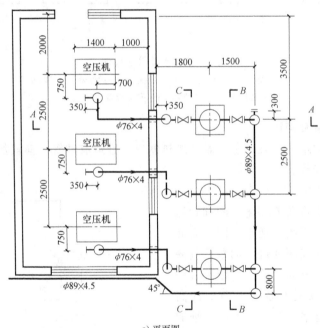

a) 平面图

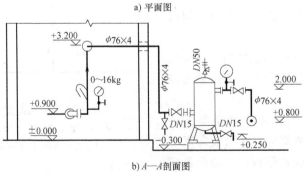

b) A—A剖面图

图 9-18　空压机站施工图

第十章　管道配件展开图

管配件有弯头、三通、四通、异径管等。在安装中，有时需要制作管配件，因此，应掌握管配件展开的基本知识。本章先介绍几何制图的基本知识，然后介绍管配件展开图的画法。

第一节　几何作图基本知识

一、图形基本知识

（1）角　如图 10-1 所示。

（2）坡度　如图 10-2 所示，坡度＝高/底边。

（3）垂直线　如图 10-3 所示，两直线的夹角为 90°时，一直线即为另一直线的垂直线，垂直符号为"⊥"。

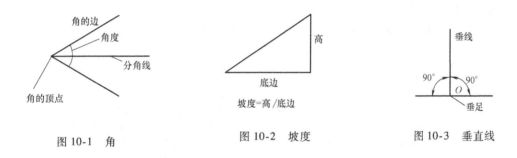

图 10-1　角　　　　　　图 10-2　坡度　　　　　　图 10-3　垂直线

（4）平行线　如图 10-4 所示，两直线在一平面内且永不相交时，一直线即为另一直线的平行线，平行的符号为"∥"。

（5）长方形（矩形）　如图 10-5 所示，长方形 ABCD，各角均为 90°，AC、BD 分别为对角线，AC＝BD。

（6）平行四边形　如图 10-6 所示，AB∥CD、AD∥BC。

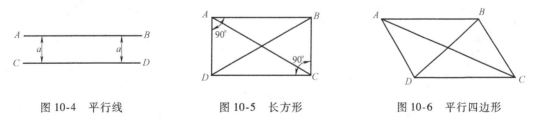

图 10-4　平行线　　　　　图 10-5　长方形　　　　图 10-6　平行四边形

（7）菱形　如图 10-7 所示，AB∥CD，AD∥BC，AB＝BC＝CD＝AD。

（8）梯形　如图 10-8 所示，AB∥CD，AC、BD 为对角线，如 AD＝BC，则为等腰梯形。

（9）三角形　如图 10-9 所示，直角三角形∠ACB＝90°钝角三角形∠ACB＞90°，等腰三角形 AB＝BC。等边三角形 AB＝BC＝CA。

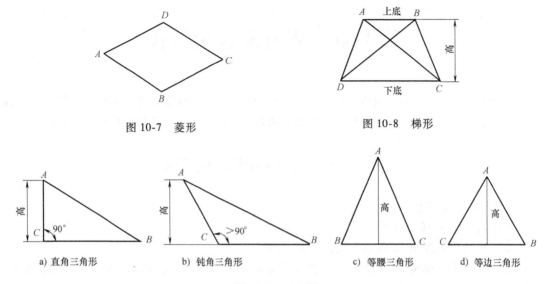

图 10-7　菱形　　　　　　　　　　　图 10-8　梯形

a) 直角三角形　　　　b) 钝角三角形　　　　c) 等腰三角形　　　d) 等边三角形

图 10-9　三角形

（10）不规则多边形　如图 10-10 所示。

（11）正多边形　如图 10-11 所示，$AB = BC = CD = DE = EF = FA$。

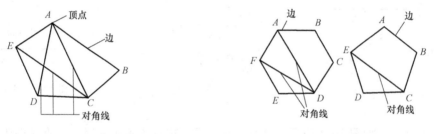

图 10-10　不规则多边形　　　　　　　　图 10-11　正多边形

（12）圆　如图 10-12 所示。

（13）内接正多边形　如图 10-13 所示。

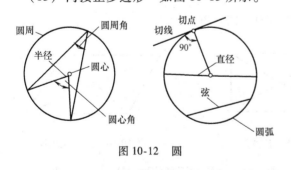

图 10-12　圆

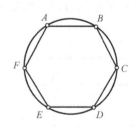

图 10-13　内接正多边形

（14）外切正多边形　如图 10-14 所示。

（15）椭圆　如图 10-15 所示，椭圆有长轴（AB）和短轴（CD），两轴互相垂直，互相平分。有两个焦点 F_1 和 F_2，位于长轴上，两焦点与中心 O 的距离相等。如在椭圆上任取点 P，则 $PF_1 + PF_2 = AB$。

（16）**一直线与一平面垂直** 如图 10-16 所示，平面上通过直线与平面交点的任何直线都与此直线成 90°。

（17）**一直线与一平面平行** 如图 10-17 所示，直线上各点与平面的距离相等，直线与平面永不相交。

（18）**两平面互相平行** 如图 10-18 所示，两个平面没有公共点，则此两平面平行。

（19）**两平面互相垂直** 如图 10-19 所示，一平面包含另一平面的垂直线，则此两平面互相垂直。

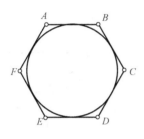

图 10-14　外切正多边形

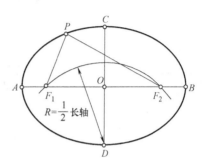

图 10-15　椭圆

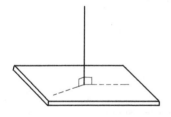

图 10-16　一直线与一平面垂直

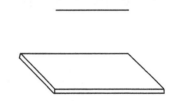

图 10-17　一直线与一平面平行

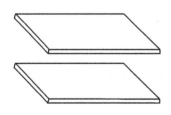

图 10-18　两平面互相平行

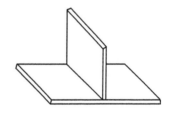

图 10-19　两平面互相垂直

二、几何作图

（1）**二等分直线 AB** 用圆规画图如图 10-20a、b、c 所示。以 B 为圆心，大于 $1/2AB$ 的长度 R 为半径作弧；再以 A 为圆心，以 R 为半径作弧，两弧交于 C、D；连 CD 交 AB 于 E，E 为 AB 中点，线段 CD 为 AB 的垂直平分线，$AE = EB$。

（2）**任意等分直线 AB（设六等分）** 用三角板画图，如图 10-21a、b、c 所示。

自 A 点引一任意直线 AC，用尺量取 6 等分；连 CB；自各分点 1、2、3、…作线平行于 CB，与 AB 线相交于 1′、2′、3′、…，即为诸等分点。

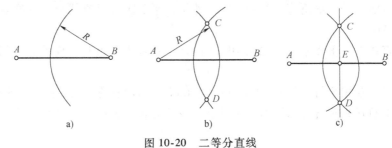

图 10-20　二等分直线

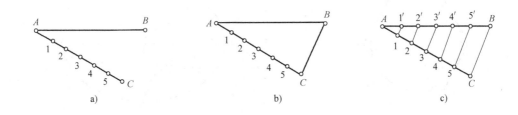

图 10-21　六等分直线

（3）过 *A* 点作直线 *AB* 的垂直线　用直尺画图，如图 10-22a、b、c、d 所示。

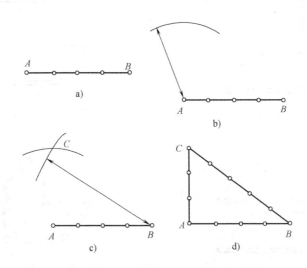

图 10-22　过 *A* 点作直线 *AB* 的垂直线

将 *AB* 线段分为四等份；以 *A* 为圆心，取三份为半径作弧；再以 *B* 为圆心，取五份为半径作弧，交前弧于 *C* 点；连接 *CA*，即过 *A* 点且垂直于 AB 之直线。

（4）作角等于已知角　已知角 ∠*CAB*，如图 10-23 所示，用圆规及三角板作图，如图 10-23a、b、c 所示。

以 *A* 为圆心，任意半径作弧，交 *AB* 于 *D*，交 *AC* 于 *E*；作直线 *A'B'*，以 *A'* 为圆心，*A'D* = *AD* 为半径作弧，交 *A'B'* 于 *D'*；以 *D'* 为圆心，*ED* 为半径作弧，两弧交于 *E'*，连 *A'E'*，则 ∠*C'A'B'* = ∠*CAB*。

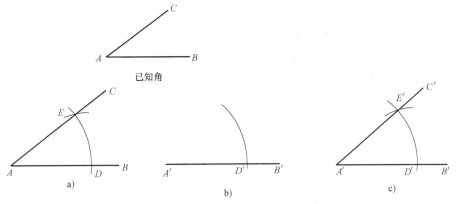

图 10-23　作角等于已知角

（5）二等分角　已知 $\angle AOB$，如图 10-24 所示。用圆规和三角板作图，如图 10-24a、b、c 所示。

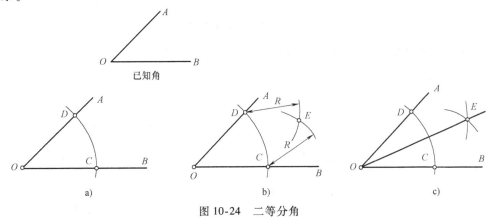

图 10-24　二等分角

以 O 为圆心，以任意长为半径作弧，交 OB 于 C，交 OA 于 D；再以 C、D 分别为圆心，以相同半径 R 作弧，两弧交于 E；连 OE，即为所求之分角线。

（6）已知边长求作三角形　已知三角形三边为 l_1、l_2、l_3，用圆规及三角板作图，如图 10-25a、b、c 所示。

作直线 AB 等于任一边长 l_2；以 A 为圆心，l_1 为半径作弧，以 B 为圆心，l_3 为半径作弧，两弧交于 C；连 AC、BC，则 $\triangle ABC$ 为所求的三角形。

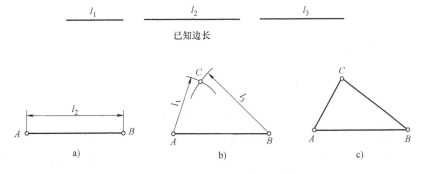

图 10-25　已知边长求作三角形

（7）正多边形的近似画法

1）已知正多边形的外接圆直径为 *AB*，求作正多边形（设求作正七边形），如图10-26 a、b、c所示。作图步骤：将 *AB* 七等分；取 3 份，此即多边形的边长，以此试截分圆周，然后再根据误差加以调整；连圆周上各分点，即为正七边形。

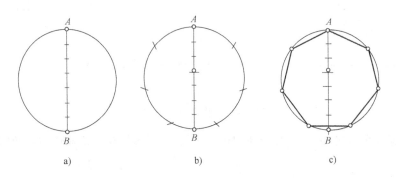

图 10-26　圆内接七边形画法

2）已知外接圆求作正五边形，如图 10-27a、b、c、d 所示。

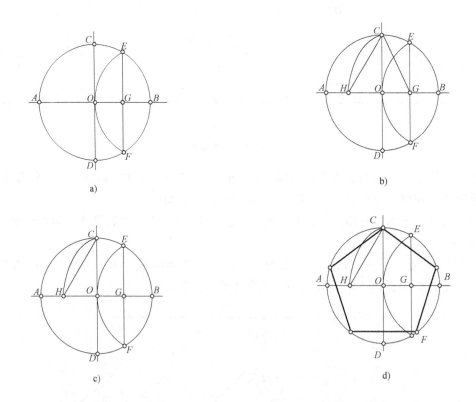

图 10-27　已知外接圆求作正五边形

作图步骤：画出外接圆及相互垂直的直径 *AB*、*CD*，以 *B* 为圆心，*OB* 为半径作弧，交圆周于 *E*、*F* 两点，连接 *EF*，交 *OB* 于 *G* 点；以 *G* 为圆心，*GC* 为半径作弧，交 *OA* 于 *H* 点；连接 *CH*，*CH* 即正边形之边长；以 *CH* 为边长截分圆周为五等份，依次连接各分点即得圆内接正五边形。

（8）根据已知半径作圆弧连接两已知直线

1）已知两直线 AB、CD 成锐角，连接弧的半径为 R，求作连接圆弧，如图 10-28a、b、c 所示。

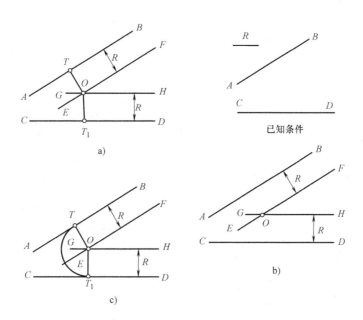

图 10-28 作圆弧连接两已知直线之一

作图步骤：作两直线 EF，GH 平行于已知两直线 AB、CD，且令距离各等于 R，EF 与 GH 交于 O 点；自 O 点引两直线垂直于 AB 及 CD，得交点 T 及 T_1，即为圆弧与直线的过渡点；以 O 为圆心，R 为半径，从 T 点至 T_1 点作连接弧。

2）已知两直线 AB、AC 成直角，圆角半径为 R，求作连接圆弧，如图 10-29a、b、c 所示。

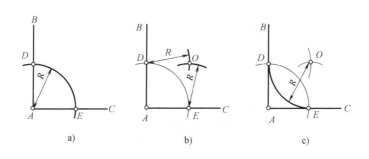

图 10-29 作圆弧连接两垂直线之二

作图步骤：以 A 为圆心，R 为半径作弧与 AB、AC 交于 D、E 两点（过渡点）；以 D 及 E 为圆心，R 为半径各作弧，两弧交于 O；以 O 为圆心，R 为半径自 D 至 E 作圆弧。

（9）根据已知半径作圆弧连接两已知圆弧或圆　已知大小圆，半径为 R 及 R_1，两圆圆心距离为 OO_1，连接圆弧的半径为 R_2，求作连接圆弧，如图 10-30a、b、c 所示。

作图步骤：以 O 为圆心，R_2-R 为半径作弧；以 O_1 为圆心，R_2-R_1 为半径作弧，两弧交于 O_2；从 O_2 点作两直线过圆心 O 及 O_1，此两直线交两圆于 A、B 两点（过渡点）；以 O_2 为圆心，R_2 为半径，从 A 点至 B 点作连接弧。

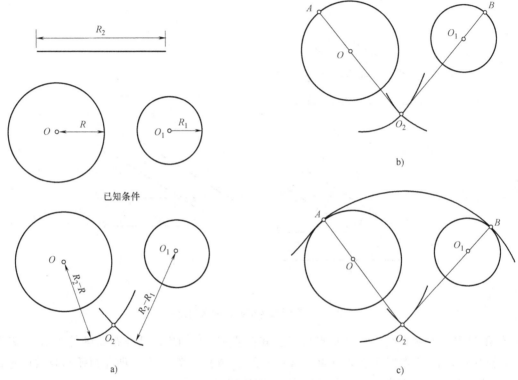

图 10-30　作圆弧连接两已知圆弧

（10）已知椭圆两轴用钉线法求作椭圆　如图 10-31 所示。

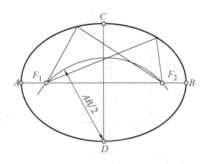

图 10-31　钉线法作椭圆

作图步骤：作椭圆之长短轴 AB、CD，互相垂直平分；以 D 为圆心，$AB/2$ 为半径作弧交 AB 于 F_1F_2，即为此椭圆之焦点；取一无伸缩性之长线，令其长度等于长轴 AB，将线两端固定于两焦点 F_1、F_2 上，用笔扯紧拉线绳移动，所得曲线即为椭圆。

第二节　管道配件展开图画法

把管配件的表面按其实际形状和大小展平在一个平面上，称为立体表面的展开。展开后所得的图形叫展开图或放样图。

管道配件的特点，就是能在它们的形体上找到圆断面，可利用圆与曲面有关知识，画出它们的展开图。

一、圆管的展开图

无论是无缝钢管，还是卷板钢管，若把管子纵向剖切开并展平，实际上是一个长方形。一根管子展开图如图 10-32 所示。

长方形的高等于管子的高，长方形长应等于管子圆断面的周长 πD。

在实际放样时，可以根据已知的投影图来作，如图 10-33 所示。把圆断面分成若干等份（如 12 等份）编上标号 1、2、3、4、5、6、7、6、5、4、3、2、1，这若干分的总长度就是所需展开的管子的圆周长 πD，左边的 1 与右边的 1 卷成圆管时是重合的。

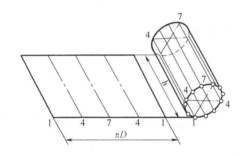

图 10-32　展开的管子是长方形

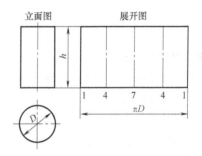

图 10-33　12 等分圆管展开图

二、马蹄弯头展开图

（1）直角马蹄弯头展开图　直角马蹄弯头的立体图和投影图，如图 10-34 所示。

作图步骤：①以管外径 D 为直径画圆；②把圆分成 12 等份，半圆为 6 等份，其等分点的标号为 1、2、3、4、5、6、7；③把圆管周长展开成 12 等份的水平线总长度 πD，从左到右依次标注各等分点的标号为 1、2、3、4、5、6、7、6、5、4、3、2、1；④在展开的水平线上，由各点作垂直线，同时由半圆周上各等分点向右引水平线与之相交；⑤用光滑曲线连接各垂直线同水平线的相应交点，即得直角马蹄弯头配件展开图，如图 10-35 所示。

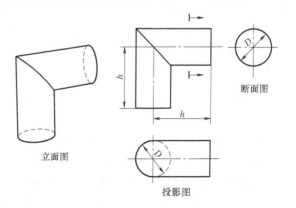

图 10-34　直角马蹄弯头的立体图和投影图

（2）任意角马蹄弯头展开图任意角马蹄弯头的立体图和投影图，如图 10-36 所示。

作图如下：①用已知尺寸画出立面图和断面图的外形，如图 10-37a 所示；②12 等份圆周，半圆 6 等分，顺序标号为 1、2、3、4、5、6、7；③由圆周各等分点向下侧引圆管中心线的平行线，与投影接合线（即圆管斜口投影线）相交，得出交点为 1′、2′、3′、4′、5′、6′、7′；④把圆管周长按 12 等分展开成水平线，如图 10-37b 所示，自左至右得其相应点的标号为 1、2、3、4、5、6、7、6、5、4、3、2、1；⑤在展开的水平线上，由各等分点作垂直线，并同由投影接合线上各点 1′、2′、3′、4′、5′、6′、7′引来的水平线相交；⑥用光滑曲线连接各垂直线同水平线的相应交点，得任意角弯头展开图，如图 10-37 所示。

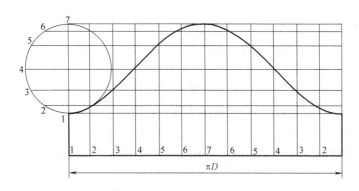

图 10-35　直角马蹄弯头配件展开图

三、虾米弯展开图

为减少管道的弯曲半径，常采用虾米弯头。虾米弯由若干个带有斜截面的直管段组成，组成的节一般为两个端节和若干个中节，端节为中节的一半。虾米弯一般采用单节、两节或三节以上的中节组成，节数越多、弯头越顺，对流体介质运动阻力越小。虾米弯的弯曲半径 R 同煨弯而成的弯管中心线的半径相同，其计算公式如下

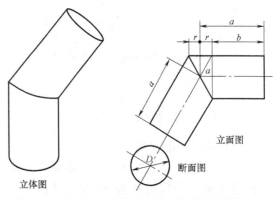

图 10-36　任意角马蹄弯头的立体图和投影图

$$R = mD \qquad (10\text{-}1)$$

式中　R——弯曲半径（mm）；

　　　D——管子外径（mm）；

　　　m——所需要的倍数，m 值一般为 1～3，常用值 1.5～2。

（1）90°单节虾米弯展开图 90°单节虾米弯立体图，如图 10-38 所示。

展开图画法步骤如下（见图 10-39）。

①在左侧作 $\angle AOB = 90°$，以 O 为圆心，以 $R = mD$ 为弯曲半径，画出虾米弯的中心线（图中点画线）；②因为整个弯管由一个中节和两个端节所组成，因此端点的中心角 $\alpha = 90°/4 = 22.5°$，作图时先将 90°的 $\angle AOB$ 平分成两个 45°角（$\angle AOC$ 及 $\angle COB$）再将 45°的 $\angle COB$ 平分成两个 22.5°的角（$\angle COD$ 和 $\angle DOB$）；③以弯管中心线与 OB 的交点为圆心，以管子外径的二分之一长为半径画圆并六等分半个圆周；④通过半圆上的各等分点作垂直于 OB 的直线，诸垂直线与 OB 线相交各点的序号是 1、2、3、4、5、6、7，与 OD 线相交各点的序

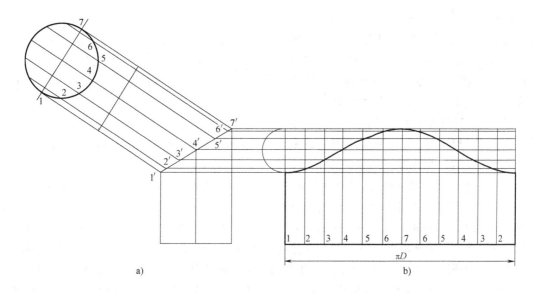

a)   b)

图 10-37   任意角马蹄弯头展开图

号是 1′、2′、3′、4′、5′、6′、7′。四边形 11′7′7 是个直角梯
形，也是该弯头的端点。然后再将端点左右、上下对称展开；
⑤在图右边 *OB* 延长线上画直线 *EF*，在 *EF* 上量出管外径的
周长并且 12 等分之，自左至右等分点的顺序标号是 1、2、3、
4、5、6、7、6、5、4、3、2、1，通过各等分点作垂直线；
⑥以直线 *EF* 上的各等分点为基点，分别截取 11′、22′、33′、
44′、55′、66′、77′线段长，画在 *EF* 相应的垂直线上，将所
得的各交点用光滑曲线连接起来，这就是端节的展开图。如

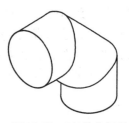

图 10-38   90°单节虾米
弯立体图

果在端节展开图的另一半，也同样对称地截取 11′、22′、33′、44′、55′、66′、77′后用光滑
曲线连接起来，即得中节的展开图。

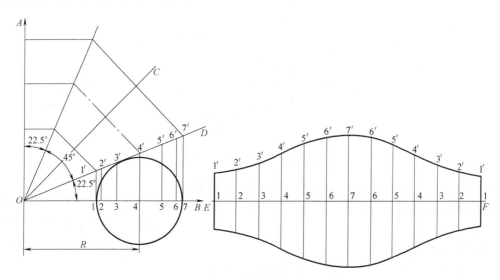

图 10-39   90°单节虾米弯的展开图

在制作中，单节虾米弯的一个中节、两个端节，可在现成的直圆管上进行直接划线下料，如图10-40a所示，把中节按水平转180°，再上下各拼上一个端节，这就画成了单节虾米弯，如图10-40b所示。

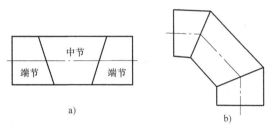

图10-40　90°单节虾米弯下料图和主视图

（2）90°双节虾米弯展开图　有两个中节90°的虾米弯称为90°双节虾米弯，其展开画法如图10-41所示。

步骤：①作∠AOB=90°，以O为圆心，以R=mD为弯曲半径，画出虾米弯的中心线；②因为整个弯管由两个中节和两个端点（相当于6个端点）组成，因此，端节的中心角。α=90°/6=15°，作图时，先将90°的∠AOB三等分，再将离直线OB最近的30°角平分，则∠COB=15°；③以弯管中心线与OB的交点为圆心，以管子外径的二分之一为半径画半圆并六等分；④通过半圆上的各等分点，作垂直于OB的直线，交于OB各点的序号是1、2、3、4、5、6、7，交于OC各点的序号是1'、2'、3'、4'、5'、6'、7'，四边形11'7'7是直角梯形，也是该弯头的端点；⑤沿OB延线方向画直线EF，在EF上量出管径的周长并12等分之，自左至右等分点的顺序号是1、2、3、4、5、6、7、6、5、4、3、2、1，通过各等分点作垂直线；⑥以直线EF上各等分点为圆心，以11'、22'、33'、44'、55'、66'、77'的线段长为半径，左右、上下对称地在EF相应的各垂直线上画出相交点，将所得的交点用光滑曲线连接起来，即成双节虾米弯中节的展开图。

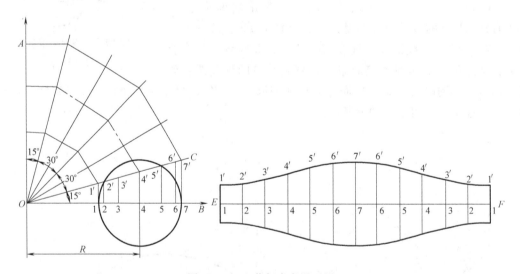

图10-41　双节虾米弯展开图

因为双节虾米弯有两个中节和两个端节，在制作中，可在现成的直圆管上进行划线下料，其中，中节、端节的排列如图10-42所示。

四、三通的展开图

（1）同径直交三通的展开图　同径正交三通的立体图和投影图，如图10-43所示。

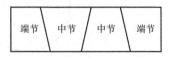

图10-42　划线时中节、端节的排列

展开图画法步骤：①以 O 为中心，以 $D/2$ 为半径作半圆并六等分，等分点为 4′、3′、2′、1′、2′、3′、4′；②把半圆上的直线 4′-4′，向右引延长线 AB，在 AB 上量取管外径的周长并十二等分，自左至右等分点的顺序号为 1、2、3、4、3、2、1、2、3、4、3、2、1；③作直线 AB 上各等分点的垂直线，同时由半圆上各等分点（1′、2′、3′、4′）向右引水平线与各垂直线相交，将所得的对应点连成光滑曲线，即得

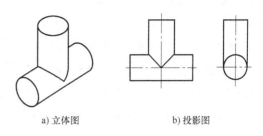

图 10-43　同径直交三通管立体图和投影图

管 I 展开图（俗称雄头样板）；④以直线 AB 为对称线，将 4-4 范围内的垂直线，对称地向上截取，并连成光滑曲线，即得管 II 展开图（俗称雌头样板），如图 10-44 所示。

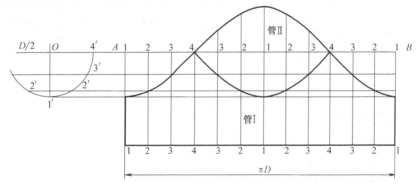

图 10-44　同径直交三通管的展开图

（2）异径直交三通展开图　异径直交三通与同径直交三通的区别是两直径不同，如图 10-45 所示为异径直交三通的立体图和投影图。

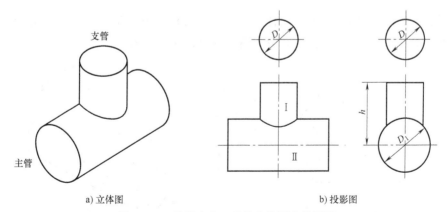

图 10-45　异径直交三通的立体图和投影图

异径直交三通展开图作图步骤：①根据主管及支管的外径在一根垂直轴线上画出大小不同的两个圆（主管画成半圆）；②将支管上半圆弧六等分，分别注顺序号 4、3、2、1、2、3、4，然后从各等分点上向下引垂直的平行线与主管圆弧相交，得相应交点 4′、3′、2′、1′、2′、3′、4′；③按支管圆直径 4-4 向右引水平线 AB，在 AB 上量取支管外径的周长并十二等

分，自左至右等分点的顺序标号是1、2、3、4、3、2、1、2、3、4、3、2、1；④由直线 *AB* 上的各等分点引垂直线，然后由主管圆弧上各交点向右引水平线与之相交，将对应交点连成光滑的曲线，即得支管的展开图；⑤另外，延长支管圆中心的垂直线，在此直线上以点1°为中心，上下对称量取主管圆弧上的弧长$\overset{\frown}{1'2'}$、$\overset{\frown}{2'3'}$、$\overset{\frown}{3'4'}$得交点1°、2°、3°、4°、3°、2°、1°；⑥通过这些交点作垂直于该线的平行线，同时，将支管半圆上的六条等分垂直线延长与这些平行直线相交，用光滑曲线连接各相应交点即成主管上开孔的展开图，如图10-46所示。

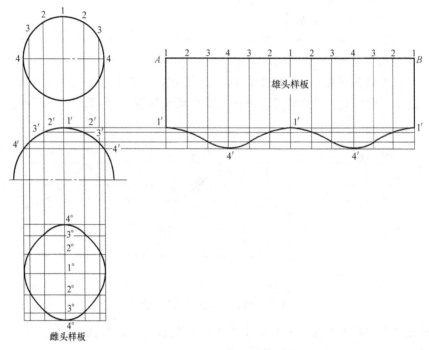

图 10-46　异径直交三通的展开图

（3）同径斜交三通的展开图　同径斜交三通又称同径斜三通，其立体图和投影图如图10-47所示。在图 10-47 的投影图上，令主管与支管的交角为 α。

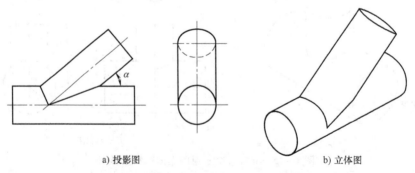

a) 投影图　　　　　　　　　　　b) 立体图

图 10-47　同径斜交三通的立体图和投影图

展开图画法：①根据主、支管的外径及相交角画出斜三通的实样投影图；②在支管的顶端画半圆并六等分，由各等分点向下画出与支管中心线平行的斜直线，使之与主管的斜尖角相交得直线11′、22′、33′、44′、55′、66′、77′等，将这些线段移至支管周长等分线的相应线段上，将所得交点用光滑曲线连接起来即为支管的展开图；③将右断面图上的上半圆分成六等份，由各交点向左引水平线，与斜尖角重合于1′、2′、3′、4′、5′、6′、7′点；④支管在主管上的各点，自右至左顺序号1′、2′、3′、4′、5′、6′、7′点，通过这些点向下引垂直线，与半圆周长 πD/2 的各等分线相交，得交点 1°、2°、3°、4°、5°、6°、7°，用光滑曲线连接各交点即为主管开孔的展开图（即雌头样板），如图10-48所示。

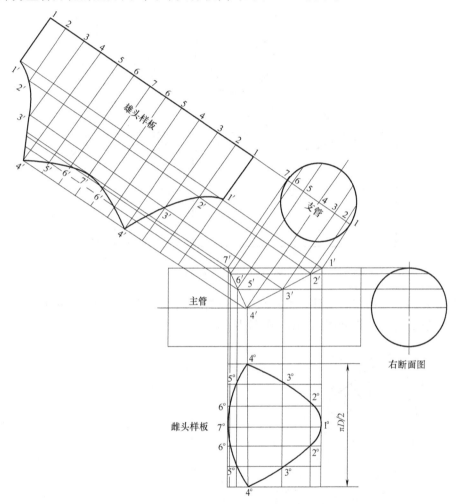

图 10-48　同径斜三通的展开图

（4）异径斜三通的展开图　异径斜三通投影图如图10-49所示。

在图10-48的投影图中，主、支管轴线夹角为 α，主管外径为 D，支管外径为 D_1。展开图画法与步骤与同径斜三通画法和步骤大致相同，但主、支管的接合线需用作图法求得，求出接合线后，再用同径斜三通的展开图画法即可。

接合线画法如下（见图10-50）：①先画出异径斜三通的立面图与侧面图，在该两图的支管顶端各

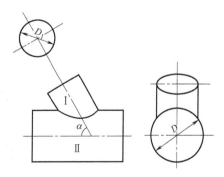

图 10-49　异径斜三通的投影图

画半个圆并六等分，等分点的顺序号为1、2、3、4、3、2、1；②在立面图上通过各等分点向下作斜平行线；③在侧面图上通过各等分点引向下的垂直线，这组垂直线与主管圆弧相交，得交点为4′、3′、2′、1′、2′、3′、4′；④过各点4′、3′、2′、1′、2′、3′、4′向左引水平平行线，使之与立面图斜支管上相应的斜平行线相交，得交点为1°、2°、3°、4°、3°、2°、1°；⑤将这些点用光滑曲线连接起来，即为异径斜三通的接合线。

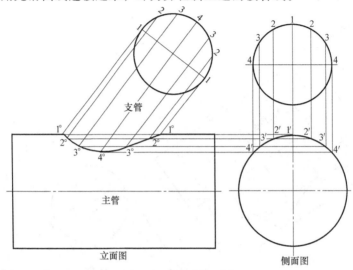

图 10-50 接合线画法

找出异径斜三通的接合线后，就得到完整的异径斜三通的主视图，再按照同径斜三通的方法画出主管、支管的展开图，如图 10-51 所示。

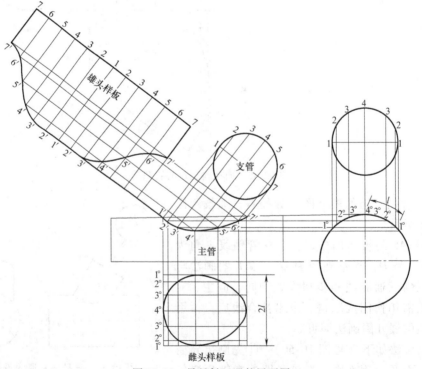

图 10-51 异径斜三通的展开图

（5）异径一侧直交三通的展开图　异径一侧直交三通又称偏心直交三通，其立体图和投影图如图 10-52 所示。其画法为：①画立、侧面图，然后作两支管顶端的断面半圆，并将半圆周分成四等份，侧面图半圆内等分点的顺序标号是 1、2、3、4、5。由侧面图上方圆周等分点分别向下引垂直线，与主管断面圆周相交，交点序号相应为 1′、2′、3′、4′、5′；②再由各交点（1′、2′、3′、4′、5′）向左引水平线，与由立面图上方支管圆周等分点分别向下所引的垂直线相交，将对应交点 1°、2°、3°、4°、5°；连成光滑曲线，即为所求的接合线；③由支管顶口线向左引水平线并在水平线上截取 1-1 等于断面图上的支管圆周展开长度 πD，八等分该展开的支管圆周长度得等分点序号为 1、2、3、4、5、4、3、2、1；④由各等分点（1、2、3、4、5、4、3、2、1）向下引垂线，与接合线各点 1°、2°、3°、4°、5°，向左所引的水平线相交，将对应交点连成光滑曲线，即为支管的展开图（雄头样板）；⑤在立面图上，将支管半圆四等分，等分点 1°、2°、3°、4°、5°，分别向下引垂直线与侧面图的主管圆弧 l 展开后的各段弧 $\overparen{1'2'}$、$\overparen{2'3'}$、…、$\overparen{4'5'}$ 上的平行线相交，将对应交点连成光滑曲线，即为主管开孔的展开图（雌头样板），如图 10-53 所示。

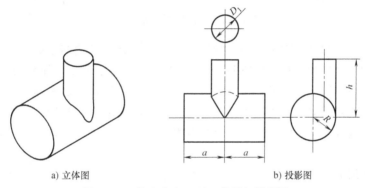

a) 立体图　　　　　　　　　　b) 投影图

图 10-52　偏心直交三通立体图与投影图

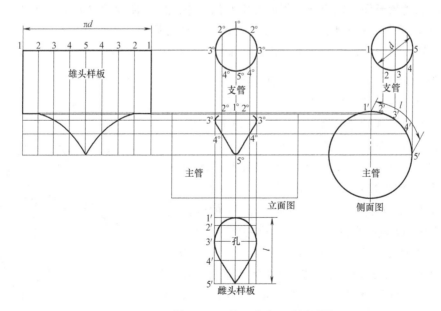

图 10-53　偏心直交三通展开图

（6）等角等径三通展开图　图 10-54 为等角等径三通的展开图。图中 D 为三通外径，从图上可见，可知三个支管的中心向左右斜截两次，在 $\triangle AOB$ 中，$\angle AOB = 120°$，$\angle OAB = \angle OBA = 30°$，因此求作展开图用的小圆半径 r 的计算式为

$$r = \frac{D}{2}\tan 30° = 0.2887D$$

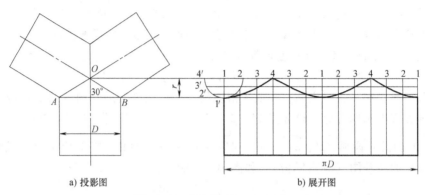

a) 投影图　　　　　　　b) 展开图

图 10-54　等角等径三通展开图

画法是：①用已知尺寸画出立面图的实样；②由三通交接线的中心 O 点向右引水平线；③在水平线上量出管外径周长 πD 并 12 等分，各等分点自左至右顺序号为 1、2、3、4、3、2、1、2、3、4、3、2、1，通过各等分点向下引垂线；④以水平线左边端点 1 为圆心，以 r 为半径画 1/4 圆，并三等分，等分点为 1′、2′、3′、4′。由各等分点向右引水平线，与管外径周长等分点引垂线相交，将各对应交点用光滑曲线连成，即为所求的展开图。如图 10-54 所示。

五、异径管展开图

异径管是用于变径的管配件。

（1）同心异径管展开图　同心异径管展开图画法：①画出异径管的立面图，如图 10-55 所示；②以 ac 为直径作大头的半圆并六等分之；每一等分的弧长为 A；③以 bd 为直径作小径的半圆并六等分，每一等分弧长为 B；④延长斜边 $abcd$ 相交于 O 点；⑤以 Oa、Ob 为半径，画圆弧 $\overset{\frown}{EF}$ 及 $\overset{\frown}{GH}$，分别为大径及小径的圆周长，连接 E、F、G、H 四点，即为异径管的展开图。

在制作中，可用圆规对弧长 A、B 分别 12 等分，然后再连接等分线端部的四点即成展开图。

（2）偏心异径管展开图　偏心异径管展开图画法如下：①画偏心大小头立面图 $AB17$，并延长直线 $7A$、$1B$ 相交于 O 点；②延长直线 17 至 O' 点，并作 OO' 线垂直于 17 的延长线，垂足为 O' 点；③以 17 直线为直径，中点为圆心画半圆且把半圆分成 6 等分，各分点为 1、2、3、4、5、6、7；④以 O' 点为圆心，分别以 $O'2$、$O'3$、$O'4$、$O'5$、$O'6$ 为半径交直线 17 为点 2′、3′、4′、5′、6′；⑤作 $2'O$、$3'O$、$4'O$、$5'O$、$6'O$ 线交 AB 线点 2″、3″、4″、5″、6″；⑥以 O 点为圆心，分别以

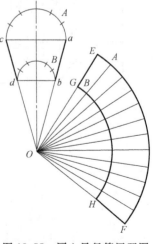

图 10-55　同心异径管展开图

$O7$、$O6'$、$O5'$、$O4'$、$O3'$、$O2'$、$O1$ 为半径作同心圆弧；⑦在以 $O7$ 为半径的圆弧上任取一点 $7'$，以点 $7'$ 为起点，以半圆等分弧图的弧长（如 $\overset{\frown}{67}$）为线段长，顺次阶梯地截取各同心圆弧交点 $6'$、$5'$、$4'$、$3'$、$2'$、1；⑧以 O 点为圆心，OA、$O6''$、$O5''$、$O4''$、$O3''$、$O2''$、OB 为半径，分别画圆弧顺次阶梯地与 $O7'$、$O6'$、$O5'$、$O4'$、$O3'$、$O2'$、$O1'$ 各条半径线相交于 $6''$、$5''$、$4''$、$3''$、$2''$、$1''\cdots$ 各点；⑨以光滑曲线连接所有交点即为大小头的展开图，如图 10-56 所示。

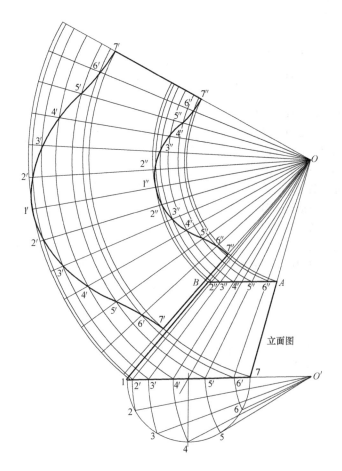

图 10-56 偏心异径管展开图

六、管道配件展开图画法应注意的问题

在画管道配件图时，应对壁厚进行处理。因为管子有一定的壁厚，直径可分为外径、中径、内径，往往因取错管径，给展开图的组对带来很大误差，影响制作质量。由钢板卷成圆管时，里皮受压，外皮受拉，中心不变。若板厚为 t，则中径乘以圆周率 $\pi(D-t)$ 就是钢板卷制的圆管展开长度。

在成品圆管上号料，应先放出样板。样板一般采用油毡纸或薄铁皮，然后再紧贴在成型的管子上划线号料。这样，样板的实际展开长度应是管外径加上样板厚度再乘以圆周率 π。由于样板同管子紧贴时总有些间隙，因此，应加修正值 $1 \sim 1.5\text{mm}$。如：管公称直径 $DN200\text{mm}$ 以下修正值为 1mm，$DN200\text{mm}$ 以上为 1.5mm。

复 习 题

1. 如何二等分一线段和一个角？
2. 如何六等分一线段和一个角？
3. 如何五等分一圆周？
4. 如何用圆弧连接两相交直线？
5. 如何用钉线法画椭圆？
6. 如何画 90°弯头的展开图？
7. 如何画任意角度弯头的展开图？
8. 如何画 90°单节虾米弯展开图？
9. 如何画 90°双节虾米弯展开图？
10. 如何对单节、双节虾米弯下料？
11. 如何画同径直交三通展开图？
12. 如何画异径直交三通展开图？
13. 如何画同径斜交三通展开图？
14. 如何画异径斜交三通展开图？
15. 如何画偏心正三通展开图？
16. 如何画等径等角三通展开图？
17. 如何画同心异径管展开图？
18. 如何画偏心异径管展开图？
19. 对管配件展开图号料时应注意哪些问题？